Bau und Energie – Leitfaden für Planung und Praxis
Herausgeber: Ch. Zürcher

Dieser auf einer einheitlichen, integralen Denkweise aufgebaute Leitfaden, eine Gemeinschaftsproduktion der Verlage vdf, Zürich, und B.G. Teubner, Stuttgart, behandelt den Problemkreis «Bau und Energie» (Planung/Betrieb und Unterhalt). Das Werk kann wie folgt verwendet werden:
- als Lehrmittel:
  - als Ganzes in Nachdiplomkursen/Ergänzungsstudien wie «Bau und Energie»
  - in Teilen auf Stufe HTL (FH)/TH im entsprechenden Grundlagenunterricht
- als kurzgefasstes Nachschlagewerk für:
  - Bauplaner und Fachberater
  - Interessenten im Bereich «Bau und Energie»

Hans Moor
Physikalische Grundlagen
98 Seiten, zahlreiche Abbildungen und graphische Darstellungen, A4 broschiert,
ISBN 3 7281 1824 9 (vdf)/
3 519 05050 1 (Teubner)
Mechanik, Wärme, Feuchte Luft, Schwingungen und Wellen, Schall, Elektrizität, Licht

Christoph Zürcher, Thomas Frank
Bauphysik
etwa 190 Seiten, zahlreiche Abbildungen und graphische Darstellungen, teils in Farben, A4 broschiert,
ISBN 3 7281 1822 2 (vdf)/
3 519 05051 X (Teubner)
Randbedingungen (Innen- und Aussenklima), Wärme, Feuchte, Luftströmungen, Tageslicht, Energie/Leistung, Schall, Brand

Gustav Peter, René Muntwyler, Marc Ladner
Baustofflehre
116 Seiten, zahlreiche Abbildungen und graphische Darstellungen, A4 broschiert,
ISBN 3 7281 1825 7 (vdf)/
3 519 05052 8 (Teubner)
Grundbegriffe und Grundzüge aus der allgemeinen Chemie, Chemie der Luft und des Wassers, Grundzüge einer Stofflehre, Beständigkeit der Metalle, Beständigkeit mineralischer Baustoffe, organische Baustoffe, Bautenschutz, optimale Materialwahl

Marco Ragonesi
Bautechnik der Gebäudehülle
176 Seiten, zahlreiche Abbildungen und graphische Darstellungen, teils in Farben, A4 broschiert,
ISBN 3 7281 1826 5 (vdf)/
3 519 05053 6 (Teubner)
Gebäudehülle als Teil des Bauwerkes, Gebäudehülle beim Neubau, Bauteile im Gebäudeinnern, Bauteilübergänge, Hochwärmedämmende Konstruktionen, passive und aktive Sonnenenergienutzung, Instandhaltung/Renovation/ Umnutzung

Christoph Schmid
Heizungs- und Lüftungstechnik
128 Seiten, zahlreiche Abbildungen und graphische Darstellungen, A4 broschiert,
ISBN 3 7281 1827 3 (vdf)/
3 519 05054 4 (Teubner)
Dimensionierungsrichtlinien, Wärmeerzeugung, Wärmeverteilung, Wärmeabgabe, Komfort, mechanische Lüftung, Regelungstechnik, Systemwahl/Haustechnik-Konzepte

Bau und Energie - Leitfaden für Planung und Praxis
5 Bände komplett
ISBN 3 7281 1819 2 (vdf)/3 519 05055 2 (Teubner)

Band 3

Gustav Peter, René Muntwyler, Marc Ladner

Baustofflehre
Bau und Energie

Leitfaden für Planung und Praxis

Herausgeber Christoph Zürcher

Hochschulverlag AG an der ETH Zürich   B. G. Teubner Stuttgart

Der vorliegende Band ist Teil des Leitfadens «Bau und Energie». Der Leitfaden besteht aus den Bänden:
- Physikalische Grundlagen
- Bauphysik
- Baustofflehre
- Bautechnik der Gebäudehülle
- Heizungs- und Lüftungstechnik

Eine Übersicht der wichtigsten Normen im Bereich «Bau und Energie» findet sich im Band «Bauphysik» dieses Leitfadens.

Die Redaktion und Herstellung wurde durch die Konferenz der kantonalen Energiefachstellen und das Bundesamt für Energiewirtschaft (BEW) unterstützt und finanziert.

Diese Publikation wurde von folgenden Autoren erarbeitet:

Dr. Gustav Peter, dipl. Natw. ETH
Professor für Chemie
TWI Ingenieurschule Winterthur
(Kapitel 2)

Dr. René Muntwyler, dipl. Chem. ETH/HTL
Dozent für Chemie
TWI Ingenieurschule Winterthur
(Kapitel 1)

Dr. Marc Ladner, dipl. Bauing. ETH
Professor für Baustoffkunde
ZTL Zentralschweizerisches Technikum Luzern
(redaktionelle Koordination)

Es ist uns ein Anliegen, an dieser Stelle allen unseren Fachkollegen für ihre wertvolle Unterstützung herzlich zu danken.

Die Deutsche Bibliothek - CIP-Einheitsaufnahme

Bau und Energie:
Leitfaden für Planung und Praxis/Hrsg. Christoph Zürcher.
Zürich: vdf, Hochsch.-Verl. an der ETH; Stuttgart: Teubner.
ISBN 978-3-519-05052-0   ISBN 978-3-322-86783-4 (eBook)
DOI 10.1007/978-3-322-86783-4
NE: Zürcher, Christoph [Hrsg.]

Peter, Gustav:
Baustofflehre/Gustav Peter; René Muntwyler; Marc Ladner.
Zürich: vdf, Hochsch.-Verl. an der ETH; Stuttgart: Teubner, 1995
(Bau und Energie; Bd. 3)
ISBN 978-3-519-05052-0

NE: Muntwyler, René; Ladner, Marc

Gestaltung, Satz, Graphiken: Marco Ragonesi, Luzern
Umschlaggestaltung: Fred Gächter, Oberegg

© 1995 vdf Hochschulverlag AG an der ETH Zürich und
     B.G.Teubner Stuttgart

 Der vdf dankt dem Schweizerischen Bankverein für die Unterstützung zur Verwirklichung seiner Verlagsziele

Vorwort zum Leitfaden «Bau und Energie»

«Der zu deckende Energiebedarf der Menschheit bringt ernsthafte ökonomische, soziale und ökologische Probleme mit sich. Ihre Lösung verlangt vernünftige, technologisch und wirtschaftlich machbare Alternativen.» [C. Starr: «Energy and power», Scientific American (1971)]

Die Menschheit ist heute dabei, ihren begrenzten Lebensraum – die Erde – durch übermässige Umweltbelastung in globalem Massstab zu verändern:

«Sie sägten die Äste ab, auf denen sie sassen
Und schrieen sich zu ihre Erfahrungen
Wie man schneller sägen konnte, und fuhren
Mit Krachen in die Tiefe, und die ihnen zusahen
Schüttelten die Köpfe beim Sägen und
Sägten weiter.» [Bert Brecht]

Uns gegenüber den Nächsten und unseren Nachkommen verantwortlich zu verhalten hinsichtlich der Auswirkungen, die unsere Lebensweise für die Umwelt bedeutet, ist ein Gebot der Zeit – auch im Bereich «Bau und Energie».

Vor dem Hintergrund der Energie-Umwelt-Problematik und einem nicht zu vernachlässigenden Anteil der Gebäude am Gesamtenergieverbrauch geht es darum, den Bereich «Bau» unter dem Aspekt «optimale Energienutzung – massvolle Behaglichkeitsanforderungen – minimale Umweltbelastung» genauer auszuleuchten.
Der Leitfaden «Bau und Energie» zeigt – ausgehend von den Grundlagen der Naturwissenschaften – Zusammenhänge aus dem Bereich Umwelt-Gebäude-Mensch auf. Er erhebt keinen Anspruch auf Vollständigkeit, die vorgestellten Themen stellen eine Auswahl aus dem vielfältigen Fragenkomplex dar.

Der Leitfaden wurde im Rahmen des Forschungsprojektes «Aufbau einer auf einheitlichen, integralen Denkweise basierenden und allgemeinverständlichen Dokumentation zum Problemkreis «Bau und Energie» zusammengestellt und kann
– einerseits
  • als *Ganzes* in Nachdiplomkursen/Ergänzungsstudien wie «Bau und Energie» oder
  • in *Teilen* auf Stufe HTL (FH)/TH im entsprechenden Grundlagenunterricht als *Lehrmittel*,
– andererseits bei
  • Bauplanern oder Fachberatern und
  • Interessenten im Bereich «Bau und Energie»
als kurzgefasstes *Nachschlagewerk* verwendet werden.

Ein übergeordnetes Ziel lässt sich – ähnlich wie beim Impulsprogramm RAVEL (Rationelle Verwendung von Elektrischer Energie) – mit dem Öffnen neuer Handlungsspielräume im Bereich «Bau und Energie» durch eine verbesserte oder neuzuerwerbende Kompetenz umschreiben.

Bei dieser Arbeit ging es nicht primär darum, das Rad neu zu erfinden. Im Gegenteil: Bestandenes, Bewährtes wurde übernommen. Aufgrund der rasanten technischen Entwicklung und der zunehmenden Sensibilisierung in Umweltfragen wurden einzelne Teile völlig neu erarbeitet, vorhandene Artikel aktualisiert bzw. überarbeitet. Themen aus neueren Forschungsarbeiten wie IP RAVEL, IP BAU (Erhaltung und Erneuerung), IP PACER (Erneuerbare Energien) usw. wurden soweit möglich integriert. Eine Übersicht der wichtigsten Normen im Bereich «Bau und Energie» findet sich im Band «Bauphysik» dieses Leitfadens.

Wir bitten die Leser, Fehlermeldungen bzw. Hinweise auf Ungenauigkeiten oder Vorschläge für Verbesserungen direkt an den vdf Hochschulverlag AG an der ETH Zürich, ETH Zentrum, CH-8092 Zürich, zuhanden der Autoren zu richten.

Zürich, im Winter 1994
Der Herausgeber: Ch. Zürcher

Vorwort zur Baustofflehre

Wenn im vorliegenden Band die beiden Teile «Chemische Grundlagen» und «Baustofflehre» zusammengefasst sind, dann soll damit schon rein äusserlich zum Ausdruck gebracht werden, dass der Architekt und der Bauingenieur das Verhalten seiner Bauwerke gegenüber den verschiedenen äusseren Einwirkungen nur dann richtig verstehen kann, wenn er auch das Verhalten der Baustoffe unter den gegebenen Verhältnissen nachvollziehen kann. Das Verständnis wird ihm dabei umso besser gelingen, je mehr er über die Ursachen dessen, was «die Welt im Innersten zusammenhält», im Bilde ist. Dem Benutzer dieses Bandes wird deshalb vor allem dann sehr empfohlen, sich zuerst mit den «Chemischen Grundlagen» zu befassen, wenn es sich bei ihm um einen Studierenden in der Erstausbildung handelt. Aber auch allen denjenigen, die sich im Rahmen ihrer täglichen Arbeiten über gewisse Fragen des Baustoffverhaltens orientieren oder früher einmal Gelerntes wieder auffrischen wollen, wird es zum Vorteil gereichen, wenn sie sich nochmals mit den Grundlagen auseinandersetzen. Dies drängt sich umso mehr auf, als im Teil «Baustofflehre» die Aspekte der Dauerhaftigkeit und der Umweltverträglichkeit und somit also Fragen, die eng mit chemischen Prozessen im Zusammenhang stehen, ganz bewusst im Vordergrund stehen und nicht, wie das bei den meisten Lehrbüchern über Baustoffe sonst der Fall ist, Fragen des Verhaltens der Baustoffe unter mechanischen Einwirkungen. Damit wird versucht, der Zielsetzung dieser Schriftenreihe, ein Leitfaden für Planung und Praxis zu sein, in besonderem Mass Rechnung zu tragen.

Horw, im September 1994
Marc Ladner

Inhaltsverzeichnis

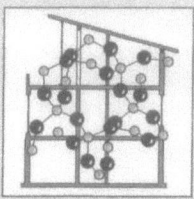

1	**Chemische Grundlagen**	
1.1	Einleitung	1
1.2	Chemische Vorgänge, Stoffgruppen	2
1.2.1	Erscheinungsformen der Stoffe	2
1.2.2	Aggregatzustände der Stoffe	3
1.3	Elemente und Verbindungen	4
1.3.1	Chemische Symbole, Formelsprache, Erhaltungssatz der Massen	4
1.3.2	Atom- und Molekularmassen	4
1.3.3	Stoffumsätze bei chemischen Reaktionen	4
1.3.4	Ideale Gase	5
1.4	Atombau	5
1.4.1	Periodisches System der Elemente	6
1.5	Chemische Bindungen	8
1.5.1	Ionenbindung, Salze	8
1.5.2	Die Atombindung (kovalente Bindung), Moleküle, Kristalle	9
1.5.3	Die Metallbindung, Metalle	12
1.6	Chemische Reaktionen	14
1.6.1	Chemisches Gleichgewicht	14
1.6.2	Reaktionswärmen	14
1.6.3	Redoxreaktionen	16
1.6.4	Säure-Basen-Reaktionen	16
1.6.5	Fällungsreaktionen	19
1.7	Elektrochemie	20
1.7.1	Spannungsreihe der Metalle	20
1.8	Korrosion der Metalle	21
1.8.1	Definition	21
1.8.2	Korrosionsmechanismen	21
1.9	Organische Chemie	23
1.9.1	Chemie des Kohlenstoffs	23
1.9.2	Kohlenwasserstoffe	23
1.9.3	Verbindungsklassen der organischen Chemie	27
2	**Baustoffe**	
2.1	Einleitung	31
2.1.1	Überblick	31
2.1.2	Zielsetzung	32
2.2	Stoffe und Umwelt	36
2.2.1	Stoffkreisläufe	36
2.2.2	Umweltprobleme in den drei Sphären: Atmosphäre, Biosphäre, Lithosphäre	37
2.2.3	Ökologische Beurteilungskriterien	38
2.2.4	Ökobilanz (Life Cycle)	40
2.3	Wasser	41
2.3.1	Regen als Säure und Base	41
2.3.2	Wasserhärte	42
2.3.3	Kalk-Kohlensäure-Gleichgewicht	43
2.3.4	Beurteilung betonaggressiver Wässer	44
2.4	Beständigkeit der Metalle	45
2.4.1	Ursachen der Korrosion	45
2.4.2	Erscheinungsformen der Korrosion	46
2.4.3	Praktisches Korrosionsverhalten	47
2.4.4	Korrosionstypen	48
2.5	Beständigkeit mineralischer Baustoffe	50
2.5.1	Aufbau der mineralischen Baustoffe	50
2.5.2	Natürliche Bausteine	51
2.5.3	Beständigkeit von Stahlbeton	52
2.5.4	Porosität und Beständigkeit von Beton	53
2.5.5	Betontechnologie	54
2.6	Organische Baustoffe	56
2.6.1	Aufbau der hochmolekularen Baustoffe	56
2.6.2	Hochmolekulare Baustoffe am Bau	57
2.6.3	Vorgeformte Kunststoffe	58
2.6.4	Nichtvorgeformte Kunststoffe: Kunststoffgebundene Feinstmörtel	59
2.6.5	Ökologische Aspekte	61
2.7	Bautenschutz	62
2.7.1	Übersicht	62
2.7.2	Oberflächen-Schutzsysteme	62
2.7.3	Fassadenbeschichtungen	63
2.8	Optimale Materialwahl	65
3.	**Anhang**	
3.1	Abkürzungen, Einheiten und Umrechnungen, Gasgleichungen, Konstanten	71
3.2	Periodensystem der Elemente	72
3.3	Wichtige chemische Verbindungen	73
3.3.1	Anorganische Verbindungen	73
3.3.2	Organische Verbindungen	73
3.3.3	Zementchemie	73
3.4	Legionellen im Warmwasser	74
3.4.1	Mikroorganismen	74
3.4.2	Massnahmen bei Installationen in Deutschland	74
3.4.3	Beurteilung in der Schweiz	74
3.5	Gesetzgebung und Richtlinien im Umweltbereich	75
3.5.1	Rechtserlasse Umweltschutz	75
3.5.2	Giftgesetze	76
3.5.3	R-Sätze	77
3.5.4	Bauabfälle	78
3.6	Metalle	80
3.6.1	Eigenschaften von Nichtrostenden Stählen	80
3.6.2	Anwendungen von Nichtrostenden Stählen	81
3.6.3	Nichtrostende Stähle: Lehren aus der Katastrophe von Uster	82
3.6.4	Gegenseitige Verträglichkeit v. Metallen	83
3.6.5	Beschichtungen	84
3.7	Mineralische Bindemittel	85
3.8	Neue Bezeichnung der Zemente	86
3.9	Konstruktiver Bautenschutz	87
3.10	Betonzusatzmittel/Bauschädliche Salze	88
3.11	«Polymer Cement Concrete»	89
3.12	Wärmedämmung	90
3.13	Fugenmassen	91
3.14	Abdichtungssysteme	92
3.15	Oberflächenschutz	93
	Literatur/Quellen	94
	Glossar	96
	Stichwortverzeichnis	101

1. Chemische Grundlagen

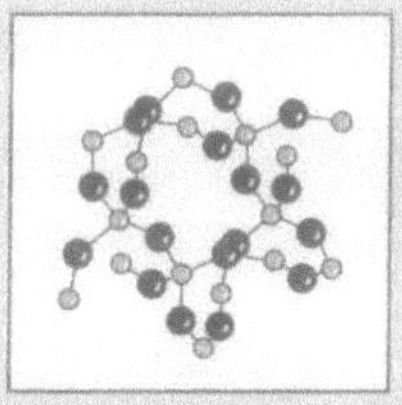

1.1 Einleitung

Architekten und Ingenieure, die im Bauwesen beschäftigt sind, werden vermehrt mit der Umweltproblematik konfrontiert. Zudem hat sich in den letzten Jahren das Angebot an Baustoffen vervielfacht; das stellt neue Anforderungen an Studienabgänger und in der Praxis stehende Berufsleute.

Standen früher Festigkeit und Stabilität der Baustoffe im Vordergrund, so sind heute zusätzlich Herstellungsart, Verträglichkeit von Baustoffen, Umweltbelastungen und Entsorgbarkeit der Materialien zu berücksichtigen. Die Thematik «Chemie und Umwelt» wird zunehmend aktuell, zumal für immer mehr Bauvorhaben Umweltverträglichkeitsprüfungen verlangt werden.

Damit sich Architekt und Baufachmann in diesem neuen Umfeld zurechtfinden, sind eingehende Kenntnisse über die Chemie der Baustoffe und der Umwelt unumgänglich.

Dieser Band versucht in Kapitel 1 in stark geraffter Form einen Einblick in die notwendigen Grundlagen der allgemeinen Chemie für Baufachleute zu geben.

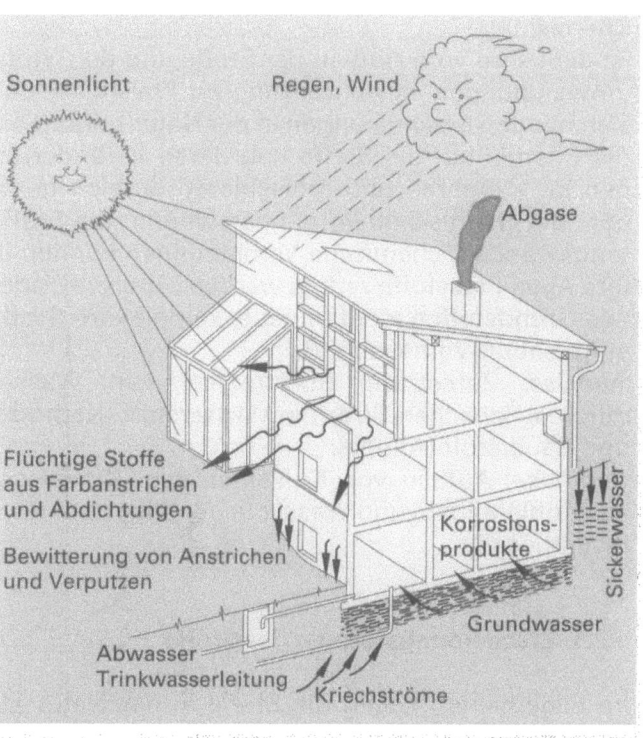

Bewohnte Bauten: komplexe Wechselwirkungen der Baustoffe mit der Umwelt

Rohbau: der Kontakt der Baustoffe mit der Umwelt tritt besonders zutage

1. Chemische Grundlagen

1.2 Chemische Vorgänge, Stoffgruppen

Chemie:
Ist die Lehre vom Aufbau der Stoffe und den Stoffumwandlungen. In Abgrenzung zur Physik, welche sich mit den Erscheinungen in der Natur befasst, ist die Chemie auf die Stoffe und deren Veränderungen im atomaren und molekularen Bereich bezogen. Bei chemischen Vorgängen werden die Stoffe umgewandelt, chemische Verbindungen können in ihre Ausgangsstoffe zerlegt werden (Analyse), oder aus Grundstoffen werden neue, komplexere Stoffe aufgebaut (Synthese), z. B.:
Analyse: Zersetzung (Elektrolyse) von Wasser durch elektrischen Strom in Wasserstoff (Kathode) und Sauerstoff (Anode);
Synthese: Aufbau von Kohlehydraten (Biomasse) aus Kohlendioxid und Wasser in den Pflanzen (Photosynthese).

1.2.1 Erscheinungsformen der Stoffe

Im allgemeinen liegen die Stoffe in der Natur als *Gemenge* vor. Die reinen Stoffe müssen erst durch physikalische oder chemische Prozesse aus den Gemengen isoliert werden. Die Gemenge treten beispielsweise in folgenden Arten auf:
Heterogene Gemenge: zwei- oder mehrphasig, z. B. Nebel (gasförmig-flüssig), Milch (flüssig-flüssig), Beton (fest-fest);
Homogene Gemenge: eine Mischphase, z. B. Luft (gasförmig), Salzlösung (flüssig), Legierung (fest);
Reine Stoffe: haben eine reine Phase; es sind entweder reine Verbindungen oder reine Elemente. Sie können in *5 Stoffgruppen* eingeteilt werden.
Dabei versteht man unter einer Phase einen abgegrenzten, einheitlichen Stoff bzw. einen in sich homogenen Teil eines Systems, der von andern Teilen durch physikalische Grenzen abgetrennt ist.

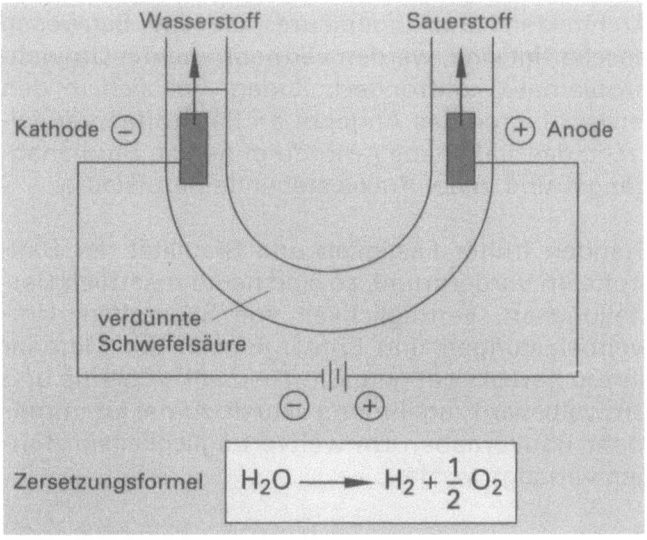

Elektrolyse von Wassser

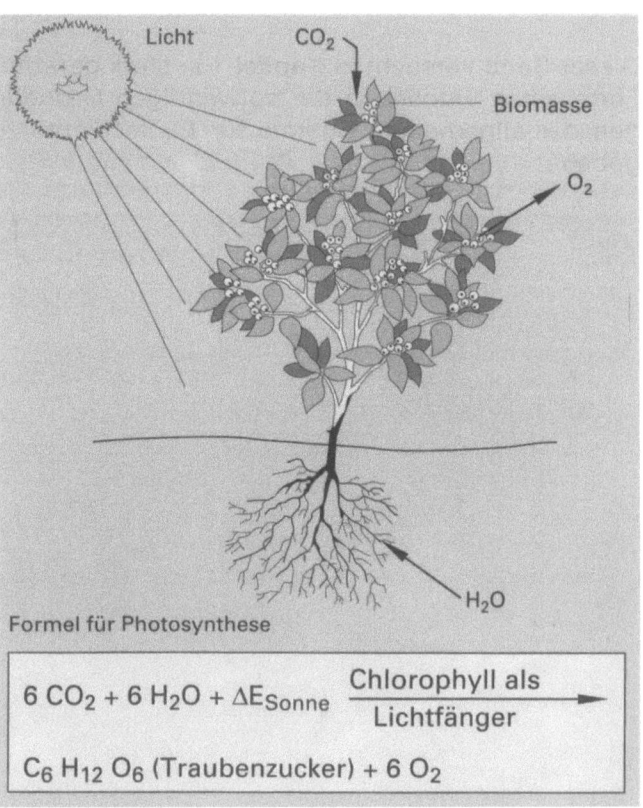

Photosynthese

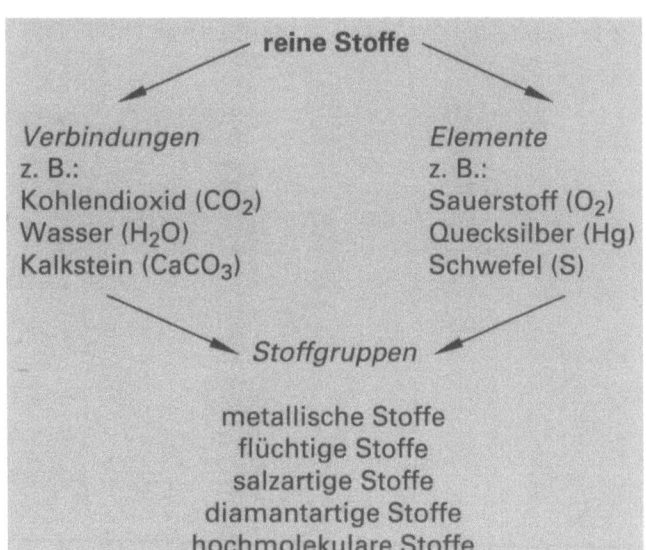

Erscheinungsformen der Stoffe

1.2 Chemische Vorgänge, Stoffgruppen

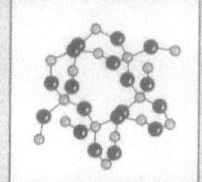

Hauptsächliche Eigenschaften der fünf Stoffgruppen

Metallische Stoffe: gute elektrische Leitfähigkeit in festem und flüssigem Zustand, Metallglanz, Duktilität (Verformbarkeit). Schmelz- und Siedepunkte variieren sehr stark, z.B. Schmelzpunkt von Quecksilber –39 °C, Schmelzpunkt von Wolfram 3400 °C.

Flüchtige Stoffe: relativ tiefe Schmelz- und Siedepunkte. Viele flüchtige Stoffe sind bereits bei Zimmertemperatur Gase. Sie sind oft farblos, besitzen keine elektrische Leitfähigkeit und sind gewöhnlich weich. Beispiele: Wasser, Bienenwachs, Schwefel.

Salzartige Stoffe: Salze leiten den elektrischen Strom nur in geschmolzenem oder gelöstem Zustand, durch Gleichstrom werden sie zersetzt (Elektrolyse). Die Salze sind schwer flüchtig und haben im allgemeinen auch hohe Schmelzpunkte; sie sind unterschiedlich wasserlöslich. Beispiele für Wasserlöslichkeit: Kochsalz bis 26 Massen-% bei 20 °C, Silberchlorid 1,8 mg/l bei 25 °C.

Diamantartige Stoffe: Sie besitzen grosse Härte, hohe Schmelz- und Siedepunkte und sind wasserunlöslich; es sind Nichtleiter oder Halbleiter. Beispiele: Diamant (C), Quarz (SiO_2), Siliziumcarbid (SiC), Korund (Al_2O_3).

Hochmolekulare Stoffe: sind Festkörper, harzige oder weiche Massen. Sie haben im allgemeinen keine scharfen Schmelzpunkte und halten keine hohen Temperaturen aus (Zersetzung). Hochmolekulare Biomoleküle sind teilweise wasserlöslich, z.B. Eiweisse (Proteine). Zu den hochmolekularen Stoffen gehören auch die Kunststoffe (makromolekulare Stoffe); sie sind in (organischen) Lösungsmitteln löslich oder quellen wenigstens auf. Beispiele: PVC, Plexiglas, Nylon.

1.2.2 Aggregatzustände der Stoffe

Stoffe können drei Aggregatzustände annehmen: fest, flüssig, gasförmig. Die kleinsten Teilchen dieser Stoffe, Atome oder Moleküle, sind in *festem Zustand* durch Bindungs- bzw. Kohäsionskräfte in einem starren Verband festgehalten. Mit zunehmender Temperatur schwingen die Teilchen immer stärker, beim Erreichen des Schmelzpunktes löst sich der Verband auf zu einer *Flüssigkeit*, in der die Teilchen beweglich sind. Noch vor Erreichen des Siedepunktes können Teilchen mit grosser Bewegungsenergie die Flüssigkeitsoberfläche verlassen und in den *gasförmigen Zustand* überwechseln (Verdampfen/Verdunsten). Bei einer bestimmten Temperatur wird der Dampfdruck der verdampfenden Flüssigkeit so gross wie der Luftdruck; bei dieser Temperatur (Siedepunkt) bilden sich im Innern der Flüssigkeit Dampfblasen – die Flüssigkeit siedet.

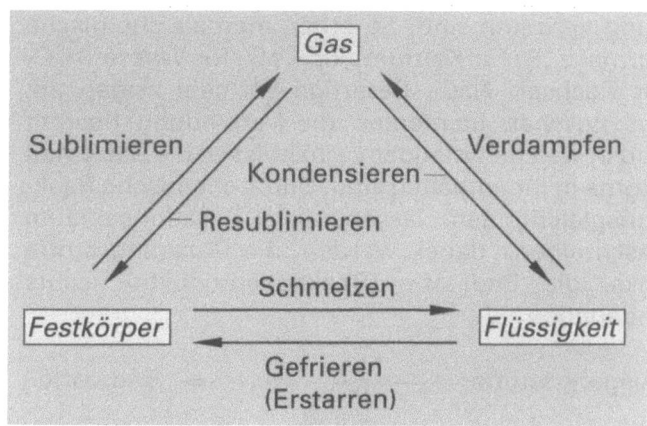

Aggregatsübergänge

1. Chemische Grundlagen

1.3 Elemente und Verbindungen

Reine Stoffe können durch chemische Vorgänge bis zu den nicht weiter teilbaren Stoffen, den chemischen Elementen, quasi den Elementarteilchen des Chemikers, zerlegt werden. Bis heute sind 111 Elemente bekannt – 92 natürliche und 19 künstlich erzeugte.

Den Elementen werden chemische Symbole zugeordnet in Anlehnung an die lateinischen oder griechischen Bezeichnungen der Elemente.

1.3.1 Chemische Symbole, Formelsprache, Erhaltungssatz der Massen

Chemische Verbindungen sind aus zwei oder mehreren verschiedenartigen Elementen aufgebaut. In einer vereinfachten Schreibweise werden die Verbindungen durch einfache *Summenformeln* charakterisiert.

In einer Summenformel (Bruttoformel) setzt man die chemischen Symbole hintereinander und gibt durch Indizes an, wie oft die Atome in der Verbindung vertreten sind. So erhält man als chemische Formel z. B. für Kalziumoxid CaO, für Wasser H_2O, für Kochsalz NaCl. Derartige Formeln zeigen an, aus welchen Elementen die Verbindung besteht und in welchen Mengenverhältnissen die einzelnen Atome in ihr enthalten sind. Durch chemische Reaktionsgleichungen lassen sich Reaktionsabläufe beschreiben, dabei werden die Ausgangsstoffe links, die Endstoffe (Reaktionsprodukte) rechts angegeben.

Ausgangsstoffe $\longrightarrow$ Endstoffe

Beispiele: Verbrennen von Magnesium
$$2\,Mg + O_2 \longrightarrow 2\,MgO$$

Brennen von Kalkstein
$$CaCO_3 \xrightarrow{900-1000\,°C} CaO + CO_2$$

Dabei gilt der *Erhaltungssatz der Massen:*

> In einer chemischen Reaktion bleiben Anzahl und Art der chemischen Elemente erhalten, das bedeutet: die Gesamtmasse der Ausgangsstoffe ist gleich gross wie die Gesamtmasse der Endstoffe.

1.3.2 Atom- und Molekularmassen

Den einzelnen Atomen werden relative Massen zugeordnet; anfänglich wurde dem leichtesten Element (Wasserstoff) die Atommasseneinheit 1 zugeordnet, als Basis für alle übrigen Atommassen. Heute dient als Basis der Atommasse $\frac{1}{12}$ der Masse des Kohlenstoffisotops $^{12}_{6}C$ (C-Atom mit 6 Protonen und 6 Neutronen im Kern).

Atome/Moleküle sind die kleinsten Einheiten, in die sich ein Stoff mit chemischen Methoden auftrennen lässt. Die Moleküle bestehen aus einem genau definierten Verband gleichartiger oder verschiedenartiger Elemente.

Die *Stoffmenge 1 mol* besteht aus $6{,}022 \cdot 10^{23}$ Teilchen (Atome, Moleküle). Diese Zahl wird als *Avogadrokonstante* N_A bezeichnet:

$$N_A = 6{,}0221367 \cdot 10^{23}\,mol^{-1}$$

Die zugehörige Masse (Molekularmasse bzw. Atommasse) in g wird als Mol bezeichnet. Die Einheit Mol ist eine Grösse, die somit auf einer Teilchenzahl basiert; sie entspricht der *Anzahl Atome in 12 g des Kohlenstoff-isotops* $^{12}_{6}C$.

Die Molekularmasse (Molekulargewicht) entspricht der Summe der Atommassen (Atomgewichte) der an einem Molekül beteiligten Atome, z.B. Molekularmasse [g/mol] von CO_2: $12 + 2 \cdot 16 = 44$.

1.3.3 Stoffumsätze bei chemischen Reaktionen

Das Rechnen mit Stoffmengen, Stöchiometrie genannt, gehört zu den Grundlagen der Chemie. Atome und Moleküle reagieren immer als Teilchen miteinander: in welchem Verhältnis dies abläuft, lässt sich aus den chemischen Formeln und Reaktionsgleichungen ableiten. Aus dem Teilchenverhältnis und den Massen der beteiligten Stoffe kann das Massenverhältnis der beteiligten Stoffe berechnet werden. Als Beispiel sei die zum Löschen von 1 kg gebranntem Kalk (CaO) notwendige Wassermenge (H_2O) zu berechnen:

Reaktionsgleichung: $CaO + H_2O \longrightarrow Ca(OH)_2$

CaO ist kein Molekül, seine Struktur ist ein Ionengitter, für CaO verwendet man den Begriff «Formeleinheit»; H_2O ist ein Molekül. 1 Formeleinheit CaO benötigt 1 mol H_2O.

«Formelgewicht» von CaO:
   $40{,}1\,g/mol + 16\,g/mol = 56{,}1\,g/mol$
Molekularmasse von H_2O:
   $2 \cdot 1\,g/mol + 16\,g/mol = 18\,g/mol$
Massenverhältnis:
   $H_2O : CaO = 18 : 56{,}1$
unbekannte Menge H_2O = x
   $18 : 56{,}1 = x : 1000\,g$
   $x = (18/56{,}1) \cdot 1000\,g = 321\,g$ Wasser

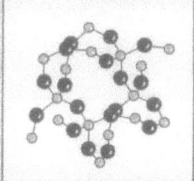

1.3 Elemente und Verbindungen   1.4 Atombau

1.3.4 Ideale Gase

Gasförmige Stoffe verbinden sich nicht nur im Verhältnis ihrer Molekulargewichte, sondern auch in einem *konstanten Volumenverhältnis*. Die Volumenverhältnisse lassen sich aber im Gegensatz zu den Gewichtsverhältnissen durch einfache ganze Zahlen ausdrücken.

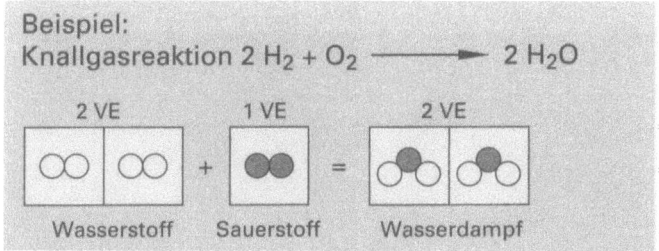

Volumenverhältnisse der Knallgasreaktion
(1 VE = 1 Volumen-Einheit)

Ideale Gase enthalten bei gleichem Druck und gleicher Temperatur pro Volumen dieselbe Anzahl Gasmoleküle, unabhängig von der Art der gasförmigen Stoffe. Deshalb nimmt 1 mol eines idealen Gases ein bestimmtes Volumen (Molvolumen) ein. Beim *Normalzustand* (Druck 1,013 bar, Temperatur 0 °C) beträgt das Molvolumen 22,41 Liter.
Das Molvolumen verändert sich proportional zur absoluten Temperatur und umgekehrt proportional zum Druck. Die Proportionalitätskonstante wird Gaskonstante R genannt. Die absolute Temperatur wird in Kelvin (K) gemessen; der Nullpunkt der Skala ist der absolute Nullpunkt, die Einheit ist gleich wie bei der Celsiusskala: $\Delta\vartheta$ [°C] = ΔT [K]. 1 °C entspricht $1/100$ der Temperaturdifferenz zwischen dem Schmelzpunkt und der Siedetemperatur von Wasser bei Normalbedingungen.

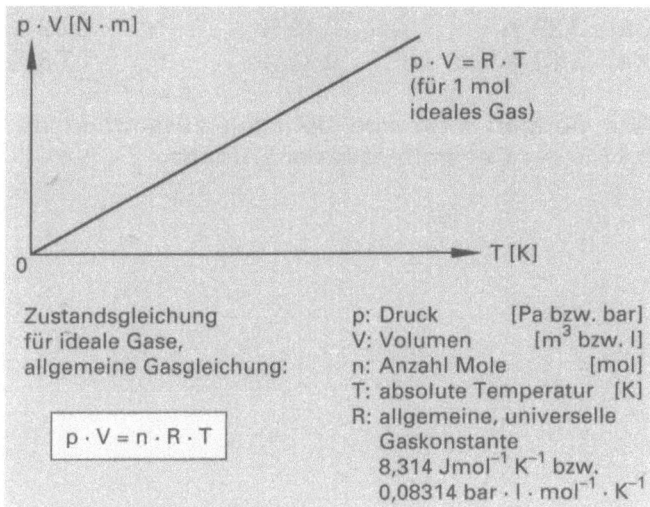

Zustandsgleichung ideale Gase
(für andere Formen der Gasgleichung siehe Anhang 3.1)

Die Atome bestehen aus einer leichten Hülle von Elektronen, die den viel schwereren Atomkern umgeben; dieser beansprucht etwa 99,95 % der Gesamtmasse des Atoms.

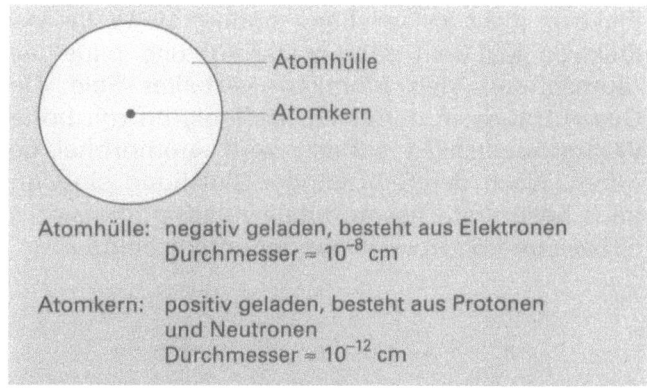

Atom

Elektron: Masse $9,1095 \cdot 10^{-28}$ g (m_e),
Ladung $-1,6022 \cdot 10^{-19}$ Coulomb
Proton: Masse $1,6726 \cdot 10^{-24}$ g (m_p),
Ladung $+1,6022 \cdot 10^{-19}$ Coulomb
Neutron: Masse $1,6749 \cdot 10^{-24}$ g ($\approx 1,8 \cdot 10^3 \cdot m_e$),
Ladung 0

Atomkern
Der Atomkern ist aus *Protonen (p)* und *Neutronen (n)* aufgebaut. Die Zahl der Protonen entspricht der *Ordnungszahl* im Periodensystem der Elemente. Bei leichteren Elementen ist die Zahl der Neutronen ungefähr gleich gross wie die Zahl der Protonen. Mit höherem Atomgewicht überwiegt die Zahl der Neutronen. Vom Verhältnis der Protonen zu den Neutronen hängt die Stabilität der Atomkerne ab (Radioaktivität).
Isotope: Bei der Mehrzahl der Elemente ist die Neutronenzahl nicht festgelegt, sie variiert innerhalb der Stabilitätsgrenzen. Da die Zahl der Elektronen konstant ist, ändert dies nichts an den chemischen Eigenschaften; die Mischelemente nennt man Isotope.
Die Kernladungszahl eines Atoms entspricht der Zahl der Protonen. Im Periodensystem sind die Elemente nach steigender Kernladungszahl (Ordnungszahl) angeordnet.

Elektronenhülle
Die positive Ladung eines Protons ist der negativen Ladung eines Elektrons dem Betrag nach gleich (Elementarladung).

Nach dem *Atommodell von Bohr (1913)* bewegen sich die Elektronen auf planetenähnlichen Umlaufbahnen um den Atomkern. Erlaubt sind nur Bahnen mit bestimmten Radien; jeder Bahn entspricht ein

1. Chemische Grundlagen

1.4 Atombau

bestimmter Energiezustand des Elektrons, der durch die Hauptquantenzahl n festgelegt ist.

Das *Wellenmechanische Atommodell nach Schrödinger und Heisenberg (1920 – 1930)* betrachtet das Elektron nicht als Teilchen, sondern als Welle. Das Elektron löst sich dann quasi auf und bildet ein räumlich um den Atomkern verteiltes Feld. Der Gesamtraum, in dem sich das Elektron mit hoher Wahrscheinlichkeit aufhält, wird Atomorbital genannt. Nach der Schrödinger-Gleichung sind nur ganz bestimmte Atomorbitale zulässig, die sich in Grösse und Form voneinander unterscheiden.

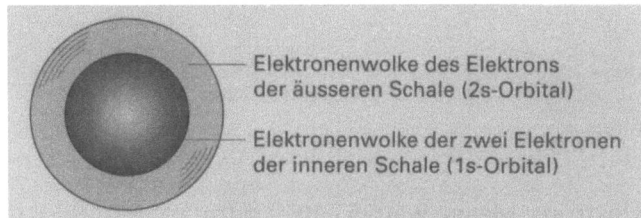

Wellenmechanisches Atommodell des Litiumatoms

1.4.1 Periodisches System der Elemente

Die chemischen Elemente wurden erstmals 1868/69 durch L. Meyer und D. I. Mendelejew in der *Reihenfolge ihrer Atommassen* in ein periodisches System eingeordnet. In diesem Periodensystem der Elemente (siehe Anhang 3.2) besitzen senkrecht untereinanderstehende Elemente *(Gruppen)* verwandte chemische Eigenschaften. Jede Atomart ist in der Reihenfolge ihrer Ordnungszahl plaziert. Da die mittlere Atommasse der Elemente mit zunehmender Protonenzahl steigt, sind diese gleichzeitig auch in der Reihenfolge ihrer Ordnungszahl angeordnet. Die Gesamtzahl der Elektronen in den Aussenschalen ist gleich gross wie die Kernladungszahl.

Die Elektronen sind in Schalen (Energiestufen) angeordnet. Jede Schale (Energiestufe) entspricht einer *Periode* im Periodensystem, und dieser ist eine Hauptquantenzahl n zugeordnet. Das Periodensystem ist in 7 Perioden (Hauptenergiestufen) unterteilt, jede Zeile im System entspricht einer Periode mit Hauptquantenzahl n = 1 bis n = 7. Elemente mit schweren Kernen sind instabil (radioaktiv), sie zerfallen über mehrere Stufen in andere Elemente (Zerfallsreihen), bis ein Element mit einem stabilen Atomkern erreicht wird. Vom Element mit der Ordnungszahl 84 (Polonium) an sind alle Elemente radioaktiv.

Ursprung der Elemente

Die Elemente des Planeten Erde wurden vor Milliarden Jahren in aktiven Sternen unseres Milchstrassensystems aus interstellarem Wasserstoff durch Kernfusionsprozesse aufgebaut. Durch Explosionen massereicher Sterne (Sonnen) gelangten die synthetisierten Elemente in den Interstellarraum, aus dem sich vor 4,6 Millarden Jahren unser Sonnensystem bildete.

Pleiaden, Geburtsstätte ferner Sonnensysteme

Verteilung der *Elemente in der Erdrinde* (Atmosphäre, Hydrosphäre und Lithosphäre) in Massen-%:

O	49,20 %	K	2,40 %	Mn	0,08 %
Si	25,67 %	Mg	1,93 %	C	0,08 %
Al	7,50 %	H	0,87 %	S	0,06 %
Fe	4,71 %	Ti	0,58 %	Ba	0,04 %
Ca	3,39 %	Cl	0,19 %	N	0,03 %
Na	2,63 %	P	0,11 %	F	0,03 %

Alle übrigen Elemente betragen zusammen nur 0,47 % der Gesamtmasse der Erdrinde.

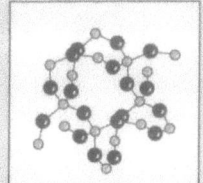

Eigenschaften der Hauptgruppenelemente des Periodensystems

Hauptgruppe	I Alkalimetalle	II Erdalkalimetalle	III Bor-Gruppe	IV Kohlenstoff Gruppe	V Stickstoff Gruppe	VI Chalkogene Gesteinsbildner	VII Halogene Salzbildner	VIII Edelgase
Anzahl Aussenelektronen	1	2	3	4	5	6	7	8
Wertigkeit gegenüber O	+1	+2	+3	+2, +4,	+2, +3, +4, +5	+2, +4, +6	+1, +3, +5, +7	–
Wertigkeit gegenüber H	–	–	–	–4	–3	–2	–1	–
Bindungsart untereinander	Metallbindung	Metallbindung	Metallbindung	Atombindung Metallbindung	Atombindung Metallbindung	Atombindung	Atombindung	–
Bindungsart in Verbindungen	Ionenbindung	Ionenbindung	Ionenbindung	Atombindung bis Ionenbindung	Atombindung	Atombindung bis Ionenbindung	Ionenbindung bis Atombindung	–
Aussehen/ Charakter	silberweisse, weiche Metalle	silberweisse, weiche Metalle	silberweisse Metalle	C: weiche und harte Form Si, Ge: Halbleiter Sn, Pb: Metalle	N: Gas P: spröde As, Sb: Halbmetalle	O: Gas S, Se: weiche Stoffe Te: Halbmetall	F, Cl: Gase Br: flüssig J: fest	einatomige Gase
chemische Eigenschaften	sehr reaktionsfreudig	Be, Mg: gegenüber Luft, Wasser relativ stabil, Ca, Sr, Ba, Ra: sehr reaktionsfreudig	gegenüber Luft, Wasser relativ stabil	stabil bei höheren Temperaturen, hauptsächlich gegenüber O sehr reaktionsfreudig	P: sehr reaktionsfreudig; N, As, Sb, Bi: stabil	Nichtmetalle, reaktionsfreudig	sehr reaktionsfreudig (Ausnahme: gegenüber N, O)	–

1. Chemische Grundlagen

1.5 Chemische Bindungen

Atomverbände in chemischen Verbindungen und zwischen gleichartigen chemischen Elementen setzen *Bindungskräfte* voraus. Chemische Bindungen zwingen die Atome, bestimmte Abstände (Bindungsabstand) einzuhalten, die einem Energieminimum des zugehörigen Bindungssystems entsprechen.

Man unterscheidet drei verschiedenartige Bindungstypen: *Ionenbindung, Atombindung, Metallbindung*. Zusätzlich sind noch Nebenbindungsarten bekannt; es sind dies schwache Bindungen zwischen einzelnen Molekülen oder Atomgruppen.

1.5.1 Ionenbindung, Salze

Ionen entstehen aus Atomen oder Atomgruppen durch Elektronenabgabe oder Elektronenaufnahme; sie besitzen deshalb eine positive bzw. negative Ladung. Die Zahl der aufgenommenen oder abgegebenen Elektronen bezeichnet man als die *Ionenwertigkeit* oder *Elektrovalenz* des betreffenden Teilchens. Die Ionenwertigkeit wird mit einem Plus- oder Minuszeichen bezeichnet und beim Atomsymbol oder der Formel der Atomgruppe rechts oben angegeben.

Element-Ionen: $Na^+, Ca^{2+}, Al^{3+}, Pb^{4+}, F^-, Cl^-, S^{2-}$

zusammengesetzte Ionen: $NH_4^+, OH^-, SO_4^{2-}, PO_4^{3-}, NO_3^-$

Bei der Bildung der Elementionen versuchen die Elemente durch Elektronenabgabe bei den Metallen oder durch Elektronenaufnahme im Fall der Nichtmetalle möglichst die Elektronenkonfiguration eines Edelgases mit 2 Aussenelektronen (Helium) bzw. 8 Aussenelektronen (Neon bis Radon) zu erreichen.

Kombiniert man ein Natriumatom mit einem Chloratom, so lässt sich für beide Atome eine «Achterschale» (Oktett) schaffen, wobei ersteres an letzteres ein Elektron abgibt:

$$Na\cdot + \cdot\ddot{\underset{..}{Cl}}: \longrightarrow [Na^+] + [:\ddot{\underset{..}{Cl}}:]^-$$

Das Natrium erreicht dadurch die Aussenschale des Neons, das Chlor die des Argons. Gleichzeitig führt diese Elektronenübertragung zu einer positiven Ladung für das Natrium (Bildung eines positiven «Natrium-Ions» Na^+) und zu einer negativen für das Chlor (Bildung eines negativen «Chlor-Ions» Cl^-). Die elektrostatische Anziehung zwischen den beiden geladenen Atomen bewirkt den Zusammenhalt der NaCl-Einheit.

Ionengitter

Die positiv geladenen Kationen und die negativ geladenen Anionen vereinigen sich zu einem Ionenverband mit genau definierter geometrischer Anordnung der Ionen. Coulombkräfte, d.h. die elektrostatische Anziehung der entgegengesetzt geladenen Ionen, halten den so gebildeten Ionenkristall zusammen. Die Ionenbindung ist naturgemäss nicht gerichtet, da sich das durch die Ladung der einzelnen Ionen bedingte elektrische Feld gleichmässig nach allen Richtungen hin erstreckt. Daher wirkt sich z.B. bei NaCl die Anziehungskraft eines Natriumions nicht nur auf ein einzelnes Chlorion aus, sondern zugleich auf andere benachbarte Ionen entgegengesetzter Ladung. So kommt es, dass die durch Ionenbindung zusammengehaltenen Stoffe («Salze») nicht in Form einzelner Moleküle, sondern in Form von «Ionengittern» verschiedener geometrischer Anordnung auftreten.

Die *Elementarzelle* (Grundeinheit einer regelmässigen, periodischen Gitterstruktur) eines Natriumchlorid-Kristalls besteht aus einem kubisch flächenzentrierten Gitter in bezug auf Na^+ und Cl^-. Beim Natriumchlorid-Kristall ist jedes Natriumion von 6 Chlorid-Ionen und jedes Chlorid-Ion von 6 Natriumionen umgeben.

Im Gegensatz zum Natrium, das nur 1 Elektron (1 Valenzelektron) abgeben kann, ist das Metall Magnesium in der II. Hauptgruppe des Periodensystems zweiwertig (2 Valenzelektronen). Wenn Mg^{2+} mit Chloridanionen kombiniert wird, ergibt sich die Formeleinheit $MgCl_2$ entsprechend:

$$[:\ddot{\underset{..}{Cl}}:]^- [Mg]^{2+} [:\ddot{\underset{..}{Cl}}:]^-$$

Mit dem Begriff *Wertigkeit* wird im Falle der Ionenbindung angegeben, wie viele Elektronen ein Atom aufnehmen oder abgeben kann, um auf der äussersten Schale möglichst die Elektronenkonfiguration eines Edelgases zu erreichen. Natrium und Chlor sind demnach einwertig, Magnesium hingegen ist zweiwertig.

Die elektrolytische Dissoziation

Salze zerfallen in der Schmelze oder beim Auflösen im Wasser in frei bewegliche Ionen (sogenannte elektrolytische Dissoziation).

Beim Auflösen von Salzen muss die Gitterenergie

1.5 Chemische Bindungen

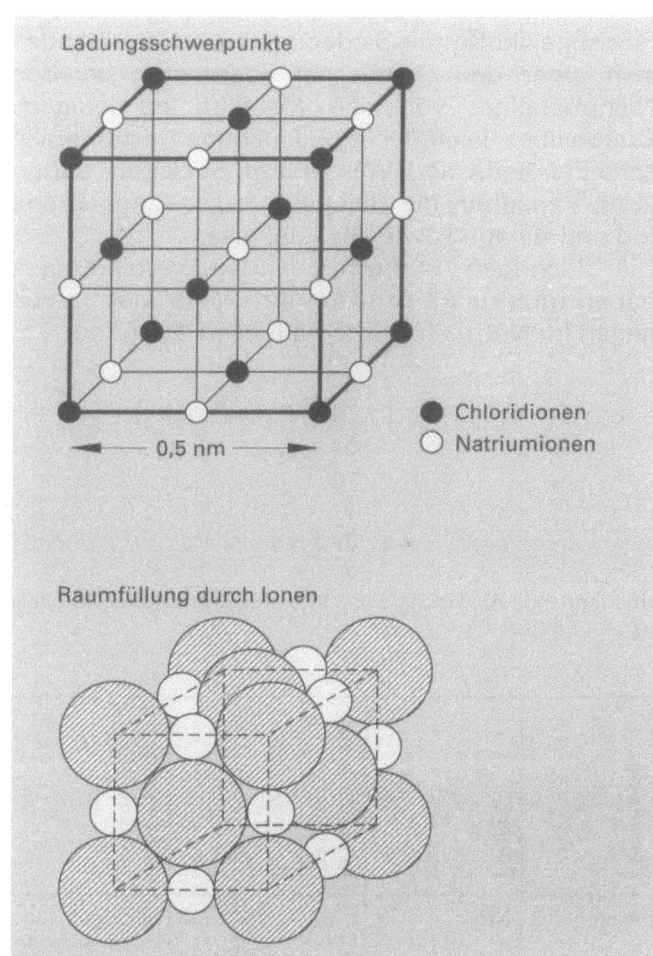

Ionengitter des Natriumchlorids (NaCl)
(kubisch-flächenzentriert)

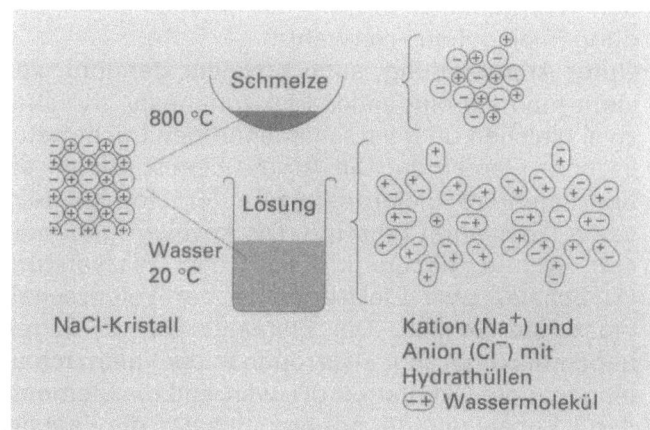

Schmelzen respektive Lösen von NaCl

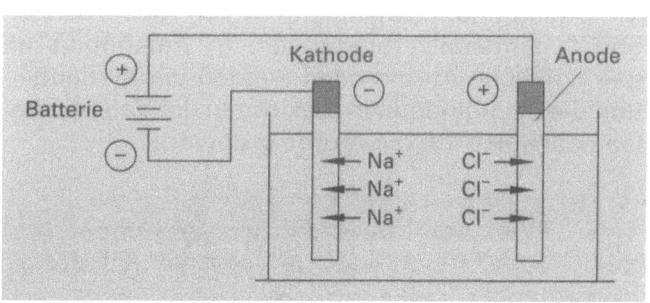

Elektrolyse einer NaCl-Lösung

überwunden werden. Die Gitterenergie einer Ionenverbindung (Salz) ist die freiwerdende Energie, wenn entgegengesetzt geladene Ionen sich aus unendlicher Entfernung bis zum Gleichgewichtsabstand nähern. Wasser ist ein gutes Lösungsmittel für Salze, weil es einen Dipolcharakter besitzt, d.h. innerhalb des Wassermoleküls finden sich positiv und negativ geladene Bezirke.

An die beim Auflösen eines Ionenkristalls freiwerdenden Kationen und Anionen lagern sich die Dipolmoleküle des Wassers. Dieser Hydratisierungsprozess gibt Energie frei; diese sogenannte Hydratisierungsenergie ist etwa gleich gross wie die aufzuwendende Gitterenergie. Ist der Energiebeitrag der Hydratisierung grösser als die Gitterenergie, wird beim Lösevorgang des Salzes Wärme frei, im umgekehrten Fall wird der Umgebung Wärme entzogen, und die Salzlösung kühlt sich ab (Abschnitt 1.6.2).

Ionenleiter
Die frei beweglichen Ionen geschmolzener oder gelöster Salze wandern in einem elektrischen Feld: die *positiven Kationen* zur negativ geladenen Kathode und die *negativen Anionen* zur positiv geladenen Anode. Die elektrische Leitfähigkeit eines Ionenleiters beruht auf diesem Ionentransport.

Da bei einem Ionenleiter an den Elektroden durch Aufnahme bzw. Abgabe von Elektronen eine Entladung der Ionen erfolgt, ist die Stromleitung stets mit einer Zersetzung des Stromleiters verbunden. Solche Leiter nennt man «Leiter 2. Klasse» bzw. Ionenleiter im Unterschied zu den «Leitern 1. Klasse», den Elektronenleitern, bei denen die Stromleitung durch Elektronen erfolgt (Metalle, Halbleiter).

Beim Durchgang von Wechselstrom in einem Ionenleiter oszillieren die Ionen, und es findet keine oder nur eine geringfügige Zersetzung des Elektrolyten statt.

1.5.2 Die Atombindung (kovalente Bindung), Moleküle, Kristalle

Bei der Ionenbindung gelangt jedes Atom für sich zu einer stabilen Edelgasschale, Metalle durch Abgabe von Elektronen und Nichtmetalle durch Aufnahme von Elektronen. Diese Möglichkeit ist

1. Chemische Grundlagen

1.5 Chemische Bindungen

den Nichtmetallen – wenn sie untereinander Bindungen eingehen – verwehrt.

Unter Atombindung, auch Kovalenz genannt, versteht man ein bindendes Elektronenpaar zwischen zwei gleichen oder verschiedenartigen (nichtmetallischen) Elementen. Die Atome beanspruchen ein oder mehrere Elektronenpaare für eine gemeinsame (kovalente) Bindung. Die kovalent gebundenen Atome haben im Fall des Wasserstoffs (1. Schale) zwei Elektronen in der Valenzschale (äusserste Schale). Die Elemente der 2. Schale haben maximal acht Elektronen in der Valenzschale (sogenannte Oktettstruktur), während die Elemente der 3. Schale und der höheren Schalen die Zahl der Elektronen über das Oktett hinaus erweitern können. Kovalente Bindungen sind vorherrschend in Molekülen und in Kristallgittern von Nichtmetallen und Nichtmetallverbindungen. In Anlehnung an das Bohrsche Atommodell werden die bindenden und die nichtbindenden Elektronen der Valenzschalen paarweise um die Atome gruppiert:

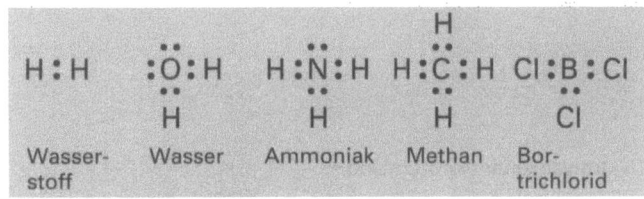

Nach der *Molekülorbital-Theorie* ist eine kovalente Bindung eine Überlappung von zwei oder mehr Atomorbitalen der an der Bindung beteiligten Atome zu einem Molekülorbital. Die Stärke einer Bindung ist annähernd proportional dem Grad der Überlappung der Atomorbitale. Man unterscheidet zwischen *Einfachbindungen (σ-Bindung)* und *Mehrfachbindungen (π-Bindung)*.

Der Wasserstoff verwendet sein mit einem Elektron besetztes s-Orbital für kovalente Bindungen. Die Elemente der 2. Periode verwenden s- und p-Orbitale oder «Hybridorbitale» (Hybride zwischen s- und p-Orbitalen) für Atombindungen.

In den Strukturformeln von Molekülen werden die Elektronenpaarbindungen vereinfacht ausgedrückt mit einem Valenzstrich – im Falle einer σ-Bindung – und mit zwei oder drei Valenzstrichen im Falle von π-Bindungen.

Flüchtige Stoffe

Flüchtige Stoffe mit Siedepunkten ≤ 400 °C finden sich unter den chemischen Elementen bei den Nichtmetallen; von den Metallen ist lediglich Quecksilber leichtflüchtig. Flüchtige nichtmetallische Elemente sind: Wasserstoff, Stickstoff, Sauerstoff, Phosphor, die Halogene Fluor, Chlor, Brom, Iod und Astatin sowie alle Edelgase.

Die flüchtigen Stoffe unter den Verbindungen haben molekulare Struktur, ihre Molekularmassen liegen im Normalfall unterhalb etwa 250 g/mol.

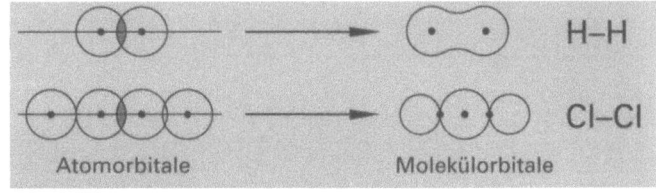

Überlappende Atomorbitale und ihre bindenden Molekülorbitale für H_2 und Cl_2

Benennung	Formel	Molekularmasse [g/mol]	Schmelzpunkt [°C]	Siedepunkt [°C]	Anwendungs-bereich
Ammoniak	NH_3	17	–78	–33	Ablaugen von Farbanstrichen
Wasser	H_2O	18	0	100	
Aceton	CH_3COCH_3	58	–95	56	Lösungsmittel für Klebstoffe
n-Hexan	C_6H_{14}	86	–95	69	Lösungsmittel der chem. Industrie
Dichlor-benzol	$C_6H_4Cl_2$	147	–17	180	Lösungsmittel der chem. Industrie
Ethylen-glykol	$HOCH_2CH_2OH$	62	–11,5	198	Frostschutz-mittel

Flüchtige Verbindungen

Bau und Struktur fester Stoffe

Die Grundbausteine der Festkörper sind Atome, Ionen oder Moleküle. Diese bilden meist räumliche Kristallgitter mit strenger geometrischer Anordnung der Teilchen. Polykristalline Stoffe sind aus einzelnen Kristalliten zusammengesetzt; zu dieser Kategorie gehören die Metalle, gewisse keramische Stoffe, aber auch teilkristalline, thermoplastische Kunststoffe.

Kristalline Festkörper mit hohen Schmelzpunkten

1.5 Chemische Bindungen

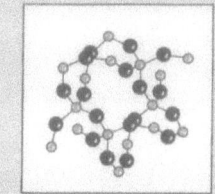

können vorallem durch ionische Kräfte zusammengehalten werden, z.B. Magnesiumoxid (NaCl-Struktur), oder es sind ausschliesslich kovalente Kräfte wirksam, z.B. beim Diamanten.

Einkristall (Bergkristall: SiO_2)

Kovalente Kristallgitter

In kovalenten Kristallgittern (Atomgittern) sind die Atome über Atombindungen miteinander verbunden. Elemente und Verbindungen können Atomgitter bilden, Voraussetzung ist die Beteiligung von mindestens 3- oder 4-wertigen Elementen. Folgende Elemente treten in (kristallinen) Atomgittern auf: Bor, Kohlenstoff, Silicium, Germanium, Phosphor, Arsen, Antimon.

Bei Verbindungen muss mindestens eine Atomart ein typisches Nichtmetall sein, damit Atomgitter möglich sind.

Beispiele: Bornitrid (BN), Siliciumcarbid (SiC), Siliciumdioxid (SiO_2).

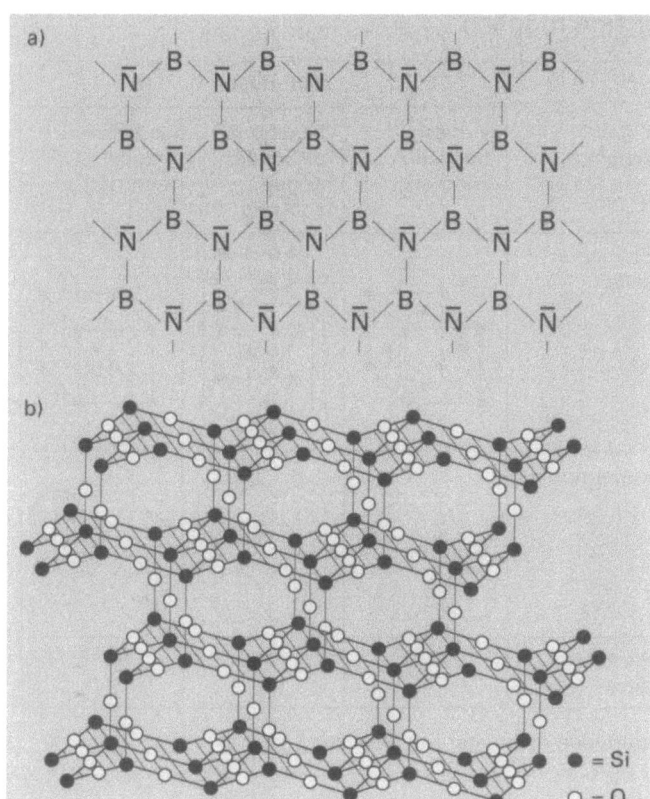

Struktur kovalenter Kristallgitter, z.B.:
a) Borstickstoff $(BN)_x$, Wurtzit- (Eis-) Struktur, Schmelzpunkt 3270 °C, wird für Schleif- und Schneidescheiben verwendet
b) Quarzkristall (SiO_2), Cristobalittstruktur, Schmelzpunkt 1610 °C

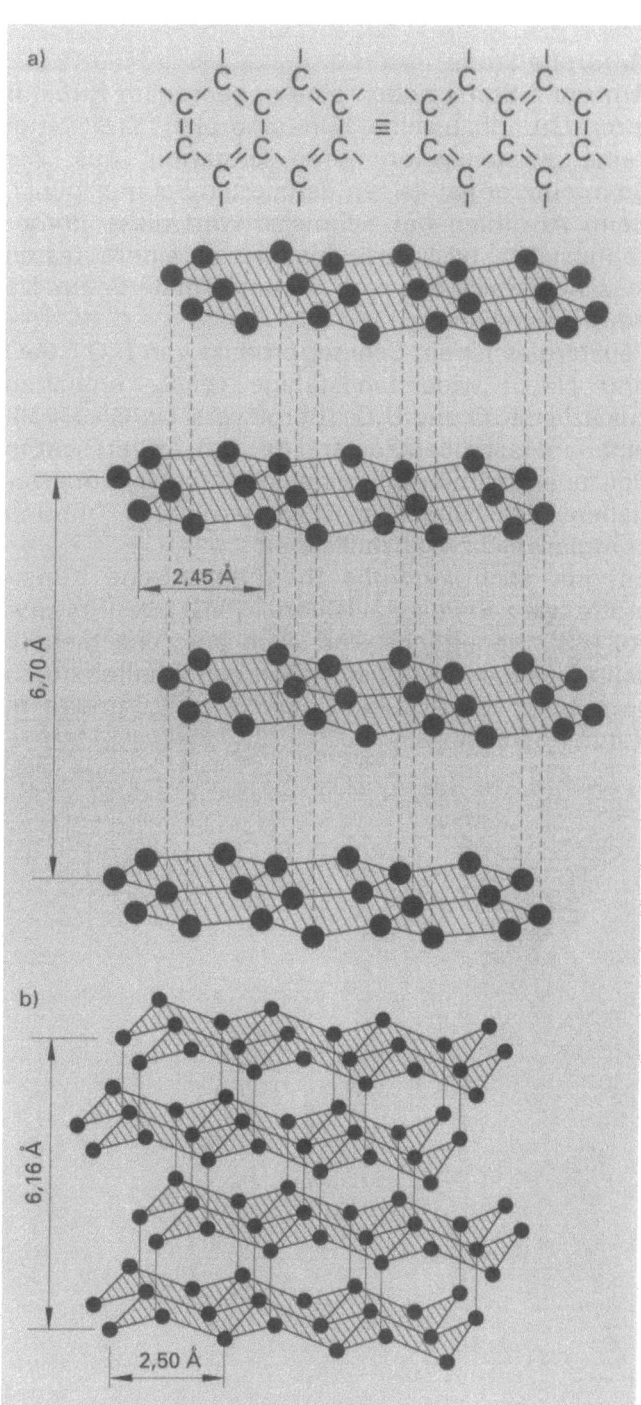

Die zwei Modifikationen des Kohlenstoffs:
a) Graphit: weich, undurchsichtig, elektrischer Leiter, bewegliche Doppelbindungen
b) Diamant: härteste Elementverbindung, Isolator
$1 \text{ Å} = 10^{-8} \text{ cm} = 10^{-10} \text{ m}$

In den Schichten sind die Kohlenstoffatome durch rein kovalente Bindungen untereinander verknüpft. Drei der vier Valenzelektronen des Kohlenstoffs sind an den lokalisierten σ-Bindungen beteiligt, während das vierte Elektron als freies delokalisiertes π-Elektron fungiert.

1. Chemische Grundlagen

1.5 Chemische Bindungen

Amorphe Stoffe

Amorphe Stoffe haben eine ungeordnete Struktur ihrer Grundbausteine. Ein amorpher Stoff zeigt keine Kristallisation beim Erstarren aus der Schmelze, er hat keinen definierten Schmelzpunkt. Beim Abkühlen der Schmelze wird diese immer zähflüssiger (viskoser), bis sie zu einem festen «Glas» erstarrt, das man als unterkühlte Schmelze bezeichnen kann.

Fensterglas ist ein Schmelzprodukt von SiO_2, CaO und Na_2O; widerstandsfähige Gläser enthalten zusätzlich K_2O und B_2O_3 (Borgläser). Ein Glas stellt einen metastabilen Zustand dar, d.h. es versucht in den energieärmeren, kristallinen Zustand überzugehen. Sehr alte Gläser können unter Trübung «entglasen» bzw. kristallisieren.

Es gibt auch amorphe thermoplastische Kunststoffe wie z.B. Polyvinylchlorid (PVC) oder Polystyrol (PS). Neuerdings sind auch amorphe metallische Gläser realisierbar, sie werden erhalten durch sehr schnelles Abkühlen einer Metallschmelze in dünner Schicht.

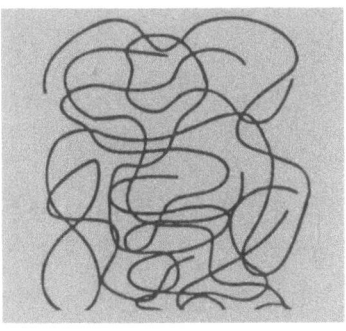

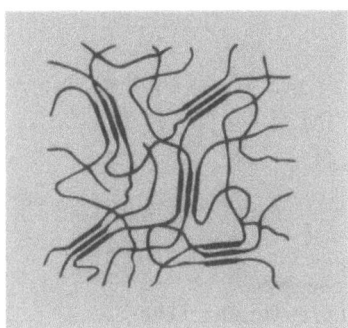

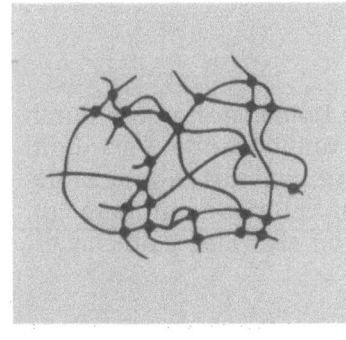

Struktur eines Elastomeren

1.5.3 Die Metallbindung, Metalle

Die Atome von reinen Metallen oder Legierungen geben in Festkörpern einen Teil ihrer Valenzelektronen ab. Im Metallgitter besetzen die entstehenden Kationen die Gitterplätze, die abzugebenden Elektronen sind in den Gitterlücken als sogenanntes Elektronengas frei beweglich. Beim Anlegen eines äusseren elektrischen Feldes wandern die delokalisierten Elektronen: es fliesst ein elektrischer Strom.

Die Anzahl der delokalisierten Elektronen eines Atoms in einem Metallgitter entspricht meist der kleinsten Ionenwertigkeit des Metalls.

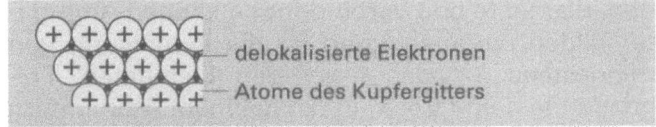

Metallgitter eines einwertigen Metalls (z.B. Kupfer)

Die Atome sind in einem Metallgitter sehr dicht gepackt, deshalb haben viele Metalle als Gitter kubisch-flächenzentrierte oder hexagonal dichteste Kugelpackungen; auch kubisch-raumzentrierte Gitter sind möglich.

Eigenschaften	Gittertypen		
	kubisch-flächen-zentriert	hexagonal dichteste Kugel-packung	kubisch-raum-zentriert
Elementarzelle			
Kugelmodell			
Packungsdichte	74 %	74 %	68 %

Gittertypen dichtester Kugelpackung

Die Atomorbitale vieler Metallatome vereinigen sich zu einem Molekülorbital nicht definierter Grösse. Die zahlreichen Molekülorbitale eines makroskopischen Kristalls bilden sogenannte Energiebänder, welche ganz *(Valenzband)* oder teilweise *(Leitungsband)* mit Elektronen besetzt sind. Die teil-

1.5 Chemische Bindungen

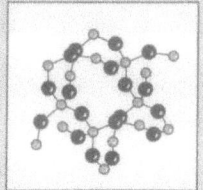

besetzten Leitungsbänder der Metalle sind verantwortlich für die gute elektrische Leitfähigkeit der Metalle. Die Leitfähigkeit ist dabei im Unterschied zur Leitfähigkeit der Elektrolyte nicht mit einer chemischen Zersetzung des Leiters verbunden; Metalle nennt man *Leiter 1. Klasse*.

Die Strömungsgeschwindigkeit der Elektronen in einem Leiter ist von der Grössenordnung 0,1 mm/s, die Übertragungsgeschwindigkeit elektrischer Signale beträgt jedoch nahezu Lichtgeschwindigkeit.

Spezifischer Widerstand verschiedener Stoffe:

$$R = \rho \cdot \frac{\ell}{A} \quad \text{mit } \rho(\vartheta) = \rho_{20} (1 + \alpha (\vartheta - 20\,°C))$$

R : elektrischer Widerstand in Ω
ρ : spezifischer Widerstand in Ω m
ℓ : Leiterlänge in m
A : Leiterfläche in m^2
α : Temperaturkoeffizient

Der spezifische Widerstand der Metalle nimmt mit steigender Temperatur zu, da die Gitterschwingungen den Fluss des Elektronengases stören. Als Folge einer Störung durch Fremdmetalle im Metallgitter haben Legierungen immer einen höheren Widerstand als reine Metalle.

Material		Spezifischer Widerstand ρ [Ωm]	Temperaturkoeffizient α [10^{-3} K^{-1}]	Wärmeleitfähigkeit λ [W/mK]
Metalle	Silber	$1,6 \cdot 10^{-8}$	3,8	407
	Kupfer	$1,72 \cdot 10^{-8}$	3,9	384
	Gold	$2,2 \cdot 10^{-8}$	3,9	312
	Aluminium	$2,7 \cdot 10^{-8}$	4,7	220
	Magnesium	$4,4 \cdot 10^{-8}$	4,2	171
	Eisen	$10,0 \cdot 10^{-8}$	6,1	74
	Blei	$20,8 \cdot 10^{-8}$	4,2	34,8
	Cu-Ni (Konstantan)	$50,0 \cdot 10^{-8}$	0,03	23
Halbleiter	Graphit	$8,0 \cdot 10^{-6}$	-0,2	169
	Silizium	$1,2 \cdot 10^{7}$		
Isolatoren	Marmor	10^{7} bis 10^{8}		2,8
	Glas	$>10^{11}$		0,8
	Polystyrol	10^{15} bis 10^{16}		0,15

Spezifischer Widerstand und Temperaturkoeffizient; Wärmeleitfähigkeit verschiedener Materialien

Bindungstyp	Ionenbindung	Atombindung (kovalente Bindung)	Metallbindung
beteiligte Elemente	Metall + Nichtmetall → Salz	Nichtmetalle → Moleküle oder Atomgitter	Metalle → Metallgitter
bindende Kräfte, Bindungsursachen	elektrostatische Anziehung der Ionen	Überlappung von Elektronenwolken miteinander gebundener Elemente	Bildung von Energiebändern aus Valenzelektronen, Metallgitter aus positiv geladenen Metallatomen
	Bindung allseitig	Bindung gerichtet	Bindung allseitig
Struktur	«unendlich», Ionenkristall, Kristallgitter	Moleküle, Makromoleküle und kovalente Kristalle	«unendlich», Metallgitter
Eigenschaften	Salze sind spröde und hart, Isolatoren, Zerfall im Wasser in Ionen	Moleküle leicht flüchtig; Atomgitter: grosse Härte und spröde, Isolatoren	gut verformbar, untereinander leicht legierbar, Leiter
Beispiele	Na$^+$Cl$^-$, Ca^{2+} Cl$_2^-$	O$_2$, H$_2$O, CH$_4$ Diamant (C) Korund (Al$_2$O$_3$) Quarz (SiO$_2$)	Cu, Fe, Al Messing (Cu, Zn)

Übersicht Chemische Bindungen

1. Chemische Grundlagen

1.6 Chemische Reaktionen

1.6.1 Chemisches Gleichgewicht

Jede chemische Reaktion in einem abgeschlossenen System kann theoretisch in beiden Richtungen ablaufen. Sobald in einem System Ausgangsstoffe (Edukte) und Endstoffe (Produkte) vorhanden sind, läuft die Hinreaktion (Edukte → Produkte) und die Rückreaktion (Produkte → Edukte) gleichzeitig ab.

$$\text{Edukte} \rightleftharpoons \text{Produkte}$$

Bei gegebener Temperatur und gegebenem Druck stellt sich ein Gleichgewicht ein, wobei die Reaktionsgeschwindigkeiten der Hinreaktion und der Rückreaktion gleich gross sind, d.h. die Reaktion kommt äusserlich betrachtet zum Stillstand.

$$aA + bB + cC + \ldots \rightleftharpoons xX + yY + zZ + \ldots$$

Im Gleichgewichtszustand ändern sich die Konzentrationen der Produkte und der Edukte nicht mehr, das Gleichgewicht kann durch das Massenwirkungsgesetz quantitativ erfasst werden.

Massenwirkungsgesetz (MWG):

$$K(T, p) = \frac{\text{Produkt der Stoffmengenkonzentration der Endstoffe}}{\text{Produkt der Stoffmengenkonzentration der Ausgangsstoffe}}$$

$$= \frac{[X]^x \cdot [Y]^y \cdot [Z]^z}{[A]^a \cdot [B]^b \cdot [C]^c}$$

$K(T, p)$: Gleichgewichtskonstante
$[A]$: Stoffkonzentration in flüssigen Mischphasen in mole Stoff A pro Liter Mischphase bzw. in Gasphasen als Gaspartialdruck p_A des Stoffes A.

Vollständig ablaufende Reaktionen sind Extremfälle von Gleichgewichtsreaktionen, bei denen praktisch nur Produkte neben sehr wenig Edukten auftreten; K wird dann sehr gross. Unvollständig ablaufende Reaktionen belassen im System wesentliche Mengen Edukte neben den Produkten.
Vollständig ablaufende Reaktion: Verbrennen von Methan (CH_4)

$$CH_4 + 2\,O_2 \longrightarrow CO_2 + 2\,H_2O$$

Unvollständig ablaufende Reaktion: «Brennen» von Kalkstein ($CaCO_3$) in einem abgeschlossenen System

$$CaCO_3 \rightleftharpoons CaO + CO_2$$

Nach dem Massenwirkungsgesetz entspricht jeder Temperatur ein bestimmter Gleichgewichtsdruck p_{CO_2}; bei 908 °C erreicht der Gleichgewichtsdruck den Wert einer Atmosphäre, deshalb muss bei Normaldruck Kalkstein bei über 900 °C gebrannt werden. Die MWG-Konstante K beträgt bei 908 °C: K = 1,01 mol/l.

1.6.2 Reaktionswärmen

Bei chemischen Reaktionen treten neben den Stoffumwandlungen auch Energieänderungen auf. Energie wird in Form von Wärme abgegeben oder aufgenommen.
Chemische Reaktionen haben die Tendenz – ebenso wie physikalische Vorgänge –, einen energiearmen Zustand mit einer maximalen Unordnung anzustreben. Die Triebfeder einer chemischen Reaktion ist festgelegt durch die Resultierende aus Wärmetönung und Unordnung.
Die Triebkraft entspricht der maximalen Arbeitsfähigkeit, d.h. genau der Änderung der freien Enthalpie ΔG, eines Systems nach einem Reaktionsablauf.
Diese Änderung kann bei konstantem Druck und konstanter Temperatur (= freie Reaktionsenthalpie) durch die Gibbsche Gleichung wiedergegeben werden:

$$\Delta G = \Delta H - T \cdot \Delta S$$

G : freie Enthalpie oder Gibbsches Potential in kJ
ΔG = G (Produkte) – G (Edukte)
  Änderung der freien Enthalpie
H : Enthalpie; Wärmeinhalt in kJ
ΔH = H (Produkte) – H (Edukte)
  Reaktionsenthalpie: Wärmemenge, die bei der Reaktion umgesetzt wird.
S : Entropie; Mass für die Unordnung in kJ/K
ΔS = S (Produkte) – S (Edukte)
  Reaktionsentropie: Mass für die Änderung der Unordnung
T : Temperatur in K

Eine Reaktion kann nur dann spontan ablaufen, wenn $\Delta G < 0$ ist. Bei $\Delta G = 0$ ist ein Gleichgewicht erreicht.

Reaktionsenthalpien
In bezug auf die Reaktionswärmen werden zwei Reaktionsarten unterschieden:

Exotherme Reaktion: $\Delta H < 0$
Endotherme Reaktion: $\Delta H > 0$

Durch eine exotherme Reaktion wird das System erwärmt, durch eine endotherme Reaktion jedoch

1.6 Chemische Reaktionen

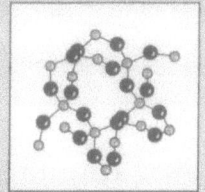

abgekühlt. Die Reaktionswärmen können relativ einfach mit Hilfe von Kalorimetern gemessen werden.
Beispiel: Gebrannter Kalk reagiert mit Wasser unter starker Wärmeentwicklung unter Bildung von Kalziumhydroxid (Kalklöschen).

$$CaO + H_2O \rightleftarrows Ca(OH)_2 \qquad \Delta H = -65 \text{ kJ/mol}$$

Oberhalb 400 °C spaltet sich der gelöschte Kalk in Umkehrung der Löschreaktion wieder in Wasser und gebrannten Kalk.

Exotherme Reaktionen laufen mit steigender Temperatur immer unvollständiger ab, d.h. das Gleichgewicht verläuft rückwärts von den Produkten zu den Edukten.

Endotherme Reaktionen benötigen zur Produktebildung Energie ($\Delta H > 0$). Bei diesen Reaktionen verschiebt sich das chemische Gleichgewicht mit steigender Temperatur in Richtung der wärmeaufnehmenden Reaktionsteilnehmer, d.h. von links nach rechts von den Edukten zu den Produkten.
Beispiel: Oxidation des Stickstoffes als Nebenreaktion bei Verbrennungsprozessen.

$$N_2 + O_2 \rightleftarrows 2\,NO \qquad \Delta H = 180{,}8 \text{ kJ/mol}$$

Je höher die Temperatur (Verbrennungstemperatur), desto höher ist der Anteil des NO im Abgas. Beim Verbrennen von Heizöl in Luft bilden sich gemäss der obigen Reaktion approximativ nach dem MWG gerechnet bei 1000 °C Flammentemperatur etwa 15 ppm und bei 1500 °C über 500 ppm NO im Abgas:

$$K_T = \frac{[NO]^2}{[N_2] \cdot [O_2]} \qquad K_{1000} = 6{,}94 \cdot 10^{-9} \qquad K_{1500} = 9{,}53 \cdot 10^{-6}$$

Deshalb produziert ein Ölbrenner mit seiner heisseren Flamme viel mehr Stickoxide als ein Gasbrenner.

Aktivierungsenergie

Damit Stoffe und Stoffgemische nicht spontan in den energieärmsten Zustand übergehen, hat die Natur eine Barriere eingebaut, die erst überwunden werden muss, bevor eine Reaktion ablaufen kann. Ohne diesen «Schutzwall» würde z.B. sämtliches brennbare Material auf der Erdoberfläche sofort mit dem Luftsauerstoff reagieren (verbrennen) und in die energetisch tiefer liegenden Verbrennungsprodukte wie CO_2 und H_2O übergehen. Die zur Überwindung einer Reaktionsbarriere erforderliche Energie wird als *Aktivierungsenergie* (E_A) bezeichnet. Je grösser die Aktivierungsenergie ist, desto langsamer läuft eine chemische Reaktion ab, unabhängig davon, ob sie eine äussere Energiezufuhr erfordert oder nicht.

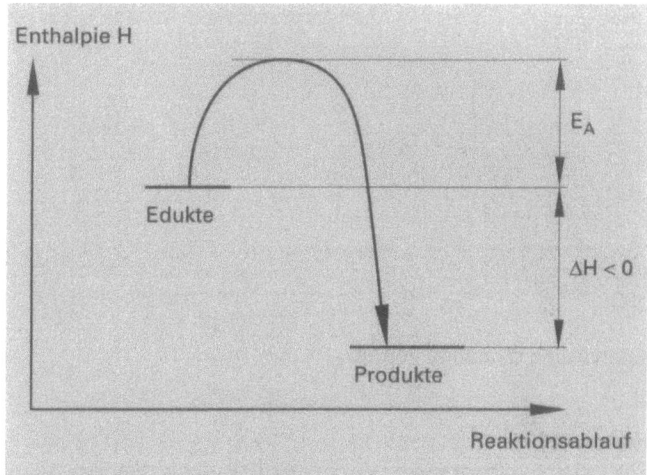

Aktivierbare, exotherme Reaktion

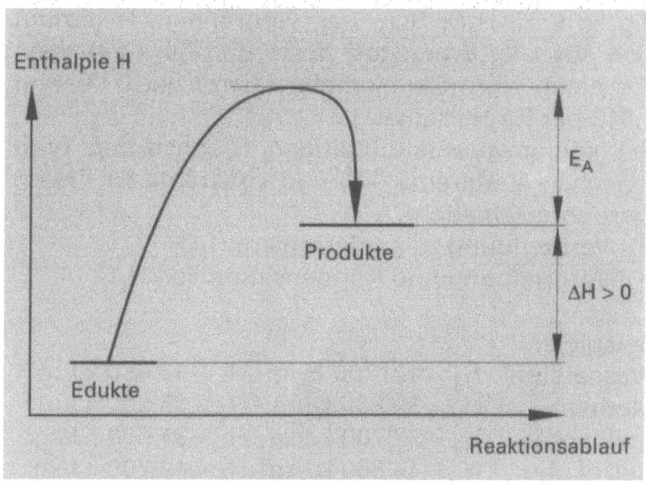

Endotherme Reaktion, erfordert Energiezufuhr

Katalysatoren

Katalysatoren führen eine Reaktion schneller zum Gleichgewicht, indem sie die Aktivierungsenergie E_A verkleinern. Es sind Stoffe, die an der Reaktion teilnehmen, aber am Ende in unveränderter Form vorliegen, d.h. sie verbrauchen sich (im Idealfall) nicht.
Katalysatoren ermöglichen, dass chemische Reaktionen bei tieferer Temperatur ablaufen.

Beispiel: Katalytische Oxidation von Schwefeldioxid zu Schwefeltrioxid zwecks Gewinnung von Schwefelsäure (Schwefelsäurekontaktverfahren):

$$2\,SO_2 + O_2 \xrightleftharpoons{400\,°C} 2\,SO_3$$

1. Chemische Grundlagen

1.6 Chemische Reaktionen

Bei 400 °C läuft die Reaktion mit 98 % Ausbeute ab, aber viel zu langsam; erst durch den Einsatz eines Platinkatalysators läuft die Reaktion genügend schnell ab, um sie wirtschaftlich auszunützen.

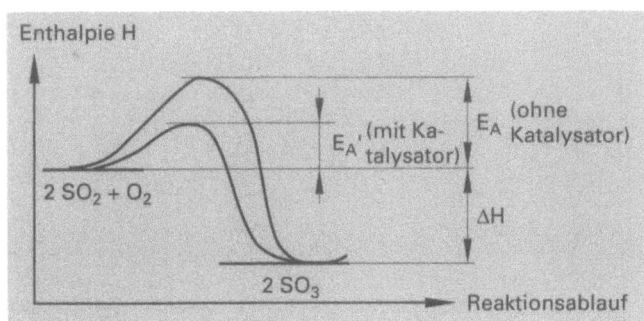

Katalytische Oxidation von SO_2

Heizwert

Für die exothermen Verbrennungsreaktionen von Brennstoffen werden in der Praxis anstelle von ΔH-Werten sogenannte Heizwerte H angegeben. Dabei wird vorausgesetzt, dass die Brennstoffe vollständig zu CO_2, H_2O, SO_2, u.a. verbrennen. H bezieht sich auf 1 kg Brennstoff (feste und flüssige) resp. auf einen Normalkubikmeter (1 m^3) bei 0 °C und 1,013 bar für Heizgase.

Bei kohlenwasserstoffhaltigen Brennstoffen wird zwischen «unterem» (H_u) und «oberem» (H_o) Heizwert unterschieden:

H_u: Verbrennung zu gasförmigem H_2O
H_o: Verbrennung und Kondensation von H_2O

Beispiele:
Wasserstoff $H_o = 12'700$ kJ/m^3 $H_u = 10'680$ kJ/m^3
Methan $H_o = 39'800$ kJ/m^3 $H_u = 35'900$ kJ/m^3
Steinkohle $H_o \approx 32'700$ kJ/kg $H_u \approx 31'600$ kJ/kg
Heizöl EL $H_o \approx 44'800$ kJ/kg $H_u \approx 42'700$ kJ/kg

1.6.3 Redoxreaktionen

Nach der ursprünglichen Definition bedeutet Oxidation die Vereinigung mit Sauerstoff (Oxygenium), z.B. können sich Magnesium und Schwefel mit Sauerstoff verbinden, d.h. die beiden Elemente werden durch O_2 oxidiert:

$$Mg + \tfrac{1}{2} O_2 \longrightarrow MgO$$

$$S + O_2 \longrightarrow SO_2$$

Die Umkehrung des Vorganges wird nach der alten Definition als Reduktion bezeichnet. Demnach wäre die Reduktion die Entfernung von Sauerstoff aus einer Verbindung, meist mit einem Reduktionsmittel wie Wasserstoff oder Kohlenstoff. Reduktion von Eisenoxid mit Wasserstoffgas:

$$Fe_2O_3 + 3\,H_2 \longrightarrow 2\,Fe + 3\,H_2O$$

In der Chemie versteht man heute allgemein unter *Oxidation* den *Entzug von Elektronen* und unter *Reduktion* die *Zufuhr von Elektronen*. *Oxidationsmittel und Reduktionsmittel bilden zusammen ein sogenanntes Redoxpaar*. In einer Redoxreaktion wird das Oxidationsmittel reduziert und das Reduktionsmittel oxidiert, dabei werden Elektronen vom Reduktionsmittel auf das Oxidationsmittel übertragen.

Redox-paar	Oxidations-mittel	Reduktions-mittel	Reaktionsart
H_2/O_2	O_2	H_2	Oxidation: $H_2 \longrightarrow 2\,H^+ + 2\,e^-$ Reduktion: $2\,e^- + \tfrac{1}{2}\,O_2 \longrightarrow O^{2-}$ Redoxreaktion: $H_2 + \tfrac{1}{2}\,O_2 \longrightarrow H_2O$
H_2/Cl_2	Cl_2	H_2	Oxidation: $H_2 \longrightarrow 2\,H^+ + 2\,e^-$ Reduktion: $2\,e^- + Cl_2 \longrightarrow 2\,Cl^-$ Redoxreaktion: $H_2 + Cl_2 \longrightarrow 2\,HCl$
Zn/Cu^{2+}	Cu^{2+}	Zn	Oxidation: $Zn \longrightarrow Zn^{2+} + 2\,e^-$ Reduktion: $2\,e^- + Cu^{2+} \longrightarrow Cu$ Redoxreaktion: $Zn + Cu^{2+} \longrightarrow Zn^{2+} + Cu$

Wichtige Redoxreaktionen

1.6.4 Säure-Basen-Reaktionen

Früher wurde ein Stoff, der in Wasser Protonen (H^+) abgibt und sauer schmeckt, als eine Säure und ein Stoff, der in Wasser Hydroxidionen (OH^-) abgibt und laugenhaft schmeckt, als eine Base (Arrhenius 1883) bezeichnet. Nach Brönsted (1923) sind *Säuren Protonendonatoren* und *Basen Protonenakzeptoren*.

1.6 Chemische Reaktionen

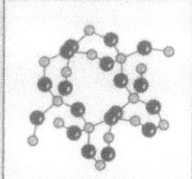

Säuren

Säuren sind entweder Nichtmetallhydride, oder sie entstehen bei der Reaktion von Nichtmetalloxiden mit Wasser. Sie enthalten kovalent gebundene H-Atome.

Starke Säuren dissoziieren in Wasser praktisch vollständig, wobei sich das freie Proton (H^+) an ein Wassermolekül anlagert.

$$\text{Säure} \longrightarrow H^+ + \text{Säurerest}$$

Schwache Säuren dissoziieren in Wasser nur teilweise, d.h. es bildet sich ein Gleichgewicht:

$$\text{Säure} \rightleftharpoons H^+ + \text{Säurerest}$$

Für diese partielle Dissoziation kann das Massenwirkungsgesetz (MWG) formuliert werden:

$$HAc \rightleftharpoons H^+ + Ac^-$$

$$K_{HAc} = \frac{[H^+] \cdot [Ac^-]}{[HAc]}$$

[HAc] : Konzentration in mol/l
K_{HAc} : Azititätskonstante (auch K_a-Wert) der Säure HAc in mol/l

Die K_a-Werte verschiedener Säuren sind tabelliert (und auf eine Temperatur von 25 °C bezogen); dabei wird anstelle des K_a-Wertes der pK_a-Wert (negativer Logarithmus des Zahlenwertes von K_a) angegeben.

Basen

Es gibt zwei Arten von Basen: die Salzbasen (echte Elektrolyte) und die Protonenempfängerbasen (latente Elektrolyte).

Salzbasen: Salze mit OH^--Ionen, das sind Metallhydroxide, hauptsächlich Alkali- und Erdalkalimetallhydroxide sowie Ammoniumhydroxide (N-Basen).

Protonenempfängerbasen: Moleküle mit freiem Elektronenpaar oder Anionen; nach dem Lösen in Wasser binden sie Protonen (H^+) und bilden dabei ein Gleichgewicht mit den Hydroxidionen (OH^-).

Beispiele: Lösen von Ammoniak (NH_3) in Wasser

$$NH_3 + H_2O \rightleftharpoons NH_4^+ + OH^-$$

Das Ammoniumion (NH_4^+) kann als eine Säure aufgefasst werden mit einem zugeordneten K_a-Wert.

HCl Salzsäure
der Magensaft enthält 0,5 % HCl, Salze = Chloride
$HCl \longrightarrow H^+ + Cl^-$ $pK_a = -7$

HF Flusssäure
zum Ätzen von Glas verwendet, Salze = Fluoride
$HF \rightleftharpoons H^+ + F^-$ $pK_a = 3,17$

H_2S Schwefelwasserstoff
bildet sich beim anäroben Abbau von Biomasse, ist sehr giftig, Salze = Sulfide
$H_2S \rightleftharpoons H^+ + HS^-$ $pK_a = 6,99$

H_2SO_3 Schweflige Säure
bildet sich aus sauren Abgasen und Feuchtigkeit, wird zum Konservieren von Wein verwendet, Salze = Sulfite
$H_2SO_3 \rightleftharpoons H^+ + HSO_3^-$ $pK_{a1} = 1,90$

H_2SO_4 Schwefelsäure
Bestandteil des sauren Regens, als Elektrolyt in Bleiakkumulatoren, Salze = Sulfate
$H_2SO_4 \rightleftharpoons H^+ + HSO_4^-$ $pK_{a1} = -3$

HNO_3 Salpetersäure
im sauren Regen enthalten, wird zur Herstellung von Dünger und Sprengstoffen verwendet, Salze = Nitrate
$HNO_3 \rightleftharpoons H^+ + NO_3^-$ $pK_a = -1,37$

H_2CO_3 Kohlensäure
nur als verdünnte Lösung beständig, löst Kalk auf, Salze = Karbonate
$H_2CO_3 \rightleftharpoons H^+ + HCO_3^-$ $pK_{a1} = 6,35$

H_2SiO_3 Kieselsäure
Salze = Silikate
$H_2SiO_3 \rightleftharpoons H^+ + HSiO_3^-$ $pK_{a1} = 9,51$

H_3PO_4 Phosphorsäure
Salze = Phosphate
$H_3PO_4 \rightleftharpoons H^+ + H_2PO_4^-$ $pK_{a1} = 2,16$

Wichtige Säuren im Bauwesen:
Die Salze der Säuren entstehen aus den negativ geladenen Säureresten und Metallionen bzw. Ammoniumionen (NH_4^+).

$$NH_4^+ \rightleftharpoons NH_3 + H^+$$

$$K_a = \frac{[NH_3] \cdot [H^+]}{[NH_4^+]}$$

$K_a = 6,31 \cdot 10^{-10}$ (mole/l)
$pK_a = 9,2$

1. Chemische Grundlagen

1.6 Chemische Reaktionen

18

Eine Base ist umso stärker, je kleiner K_a ist resp. je grösser der zugeordnete pK_a-Wert ist.
Methylammonium $CH_3N^+H_3$ hat einen pK_a von 10,6, das bedeutet: Methylamin (CH_3NH_2) bindet die Protonen stärker als Ammoniak (NH_3) und ist damit die stärkere Base.

(Salz)-Basen:	
NaOH	Natriumhydroxid (wässerige Lösung = Natronlauge)
KOH	Kaliumhydroxid (wässerige Lösung = Kalilauge)
$Ca(OH)_2$	Kalziumhydroxid (wässerige Suspension = Kalkmilch)
N-Base:	
NH_3	Salmiakgeist (konzentrierte, wässerige Ammoniaklösung [28 bis 29 Massen%])

Wichtige Basen im Bauwesen

pH-Wert

Reines Wasser zeigt eine Eigendissoziation, da Wasser eine (sehr) schwache Säure ist:

$$H_2O + H_2O \rightleftharpoons H_3O^+ + OH^-$$

vereinfacht: $H_2O \rightleftharpoons H^+ + OH^-$

Auf 555 Millionen Wassermoleküle ist nur ein einziges gespalten, weshalb die Dissoziation der schwachen Säure «Wasser» durch das Massenwirkungsgesetz in vereinfachter Form ausgedrückt werden kann:

$$K = \frac{[H^+] \cdot [OH^-]}{1000 / 18} \quad (mol/l)$$

Das Produkt der Konzentrationen von Protonen und Hydroxidionen wird als *Ionenprodukt K_W* (von Wasser) bezeichnet:

$$K_W = [H^+] \cdot [OH^-] = 10^{-14} \quad (mol/l)^2$$

(bei 1 atm und 25 °C)
$[H^+]$: Konzentration an H^+ in mol/l

In reinem, neutralem Wasser gilt: $[H^+] = [OH^-]$
somit $[H^+]^2 = 10^{-14}$ und $[H^+] = 10^{-7}$ mol/l

Als pH-Wert wird der negative Logarithmus des Zahlenwertes der H^+-Konzentration (mol/l) angegeben:

$$pH = - \log [H^+]$$

Für *neutrales Wasser* bei 25 °C gilt demnach:

$$pH = 7 \text{ und } pOH = 7$$

Das Ionenprodukt des Wassers K_W gilt nicht nur für reines Wasser, sondern auch für verdünnte, wässrige Lösungen. Die Konzentration an gelösten Säuren resp. Basen sollte aber 0,1 mol/l nicht überschreiten, da sonst Abweichungen vom theoretischen K_W-Wert eintreten. Die aktuelle pH-Skala liegt deshalb zwischen 0 und 14:

- neutrale Lösung   pH = 7
- saure Lösung   pH < 7
- basische Lösung   pH > 7

Neutralisation

Bei der Neutralisation bildet sich aus der Säure und der Base ein *Salz*:

formal:
$$HCl + NaOH \longrightarrow NaCl + H_2O$$

ionisch:
$$Cl^- + H^+ + OH^- + Na^+ \longrightarrow Cl^- + Na^+ + H_2O$$

Neutralisation von Säuren mit Kalklauge:

$$H_2SO_4 + Ca(OH)_2 \longrightarrow CaSO_4 + 2\,H_2O$$
$$2\,HCl + Ca(OH)_2 \longrightarrow CaCl_2 + 2\,H_2O$$
$$2\,H_3PO_4 + 3\,Ca(OH)_2 \longrightarrow Ca_3(PO_4)_2 + 6\,H_2O$$

Basen reagieren auch mit Säureanhydriden (Nichtmetalloxide):

Neutralisation von sauren Abgasen:
$$SO_2 + Ca(OH)_2 \longrightarrow CaSO_3 + H_2O$$

Karbonatisierung im Beton:
$$CO_2 + Ca(OH)_2 \longrightarrow CaCO_3 + H_2O$$

1.6 Chemische Reaktionen

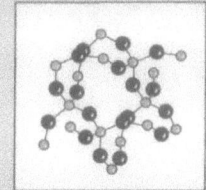

1.6.5 Fällungsreaktionen

Schwerlösliche Salze können aus ihren wässrigen Lösungen ausgefällt werden. Werden zwei Lösungen leichtlöslicher Salze, Säuren oder Basen, zusammengegossen, so können durch Neukombination von Kationen und Anionen schwerlösliche Salze ausfallen.

Lösung 1: $BaCl_2$

Lösung 2: Na_2SO_4

Die Mischung enthält folgende Ionen:
Ba^{2+}, Cl^-, Na^+, SO_4^{2-}

Die Ionen Ba^{2+} und SO_4^{2-} kombinieren sich zum schwerlöslichen Salz $BaSO_4$ (Bariumsulfat).

Gesamtreaktion:
$$Ba^{2+} + 2\,Cl^- + 2\,Na^+ + SO_4^{2-}$$
$$\longrightarrow BaSO_4\downarrow + 2\,Na^+ + 2\,Cl^-$$

Salz	Löslichkeitsprodukt pK_L (25 °C)	Löslichkeit (mg Salz/l) (25 °C)
NaCl	−1,58	360000
KCl	−1,34	348000
AgCl	9,8	1,8
$CaCO_3$	8,3	15
$Ca(HCO_3)_2$	4,04 *	1100 *
$Ca(OH)_2$	4,74	3380
$CaSO_4$	3,7	1920
$Fe(OH)_3$	38	0,00003
* CO_2-gesättigtes Wasser		

Löslichkeit von Salzen

Wird ein Salz A_xB_y bei gegebenem Druck und gegebener Temperatur bis zum Gleichgewichtszustand gelöst, entsteht eine gesättigte Salzlösung:

$$A_xB_y \rightleftharpoons xA^{y+} + yB^{x-}$$

Es gilt das Massenwirkungsgesetz:

$$K = \frac{[A^{y+}]^x \cdot [B^{x-}]^y}{[A_xB_y]} = \frac{K_L}{[A_xB_y]}$$

mit K_L als Löslichkeitsprodukt

Je kleiner das Löslichkeitsprodukt K_L, desto schwerer löslich ist das betreffende Salz. Die Löslichkeit vieler Salze ist sehr stark temperaturabhängig, weshalb die K_L-Werte immer nur für eine bestimmte Temperatur (meistens 25 °C) gelten. Die Löslichkeitsprodukte sind als pK_L-Werte tabelliert (pK_L = negativer Logarithmus des Zahlenwertes von K_L).

Berechnung der Löslichkeit eines Salzes in Wasser:

z.B. $CaSO_4$: $\quad CaSO_4 \rightleftharpoons Ca^{2+} + SO_4^{2-}$

$pK_L = 3{,}7 \quad [Ca^{2+}] = [SO_4^{2-}] \quad [Ca^{2+}]^2 = 10^{-3,7}\ (mol/l)^2$
$[Ca^{2+}] = [10^{-3,7}]^{1/2} = 0{,}0141\ mol/l$

Formelmasse: $\quad CaSO_4 = 136{,}1\ g/mol$
Löslichkeit von $CaSO_4$: $\quad 0{,}0141\ mol/l \cdot 136{,}1\ g/mol$
$\qquad\qquad = 1{,}92\ g/l$

1. Chemische Grundlagen

1.7 Elektrochemie

Unedle Metalle wie Fe, Zn, Mg werden beim Eintauchen in wässrige Säurelösungen oxidiert. Dabei werden die Protonen (H^+) der Säure reduziert und es entweicht Wasserstoff (H_2):

Oxidation: $Fe \rightarrow Fe^{2+} + 2\,e^-$
Reduktion: $2\,e^- + 2\,H^+ \rightarrow H_2$

Redoxreaktion: $Fe + 2\,H^+ \rightarrow Fe^{2+} + H_2$
Gesamtreaktion: $Fe + 2\,HCl \rightarrow Fe^{2+} + 2\,Cl^- + H_2$

«Edle Metalle» wie Cu, Ag, Au reagieren nicht in verdünnten Säurelösungen.
Alle Metalle sind mehr oder weniger starke Reduktionsmittel, und umgekehrt sind die Metallkationen sowie die Protonen (H^+) Oxidationsmittel.

Taucht man Metalle (Me) in eine wässrige Salzlösung mit einer Me^{n+}-Konzentration von 1 mol/l, so werden die Metalle oxidiert und die Metallionen reduziert, und es stellt sich ein Gleichgewicht ein:

$$Me \rightleftharpoons Me^{n+} + n\,e^-$$

Dabei nimmt das eingetauchte Metall gegenüber der Lösung ein *elektrisches Potential* an. Bei einem *unedlen Metall* liegt das Gleichgewicht mehr auf der rechten Seite, und das Metall nimmt gegenüber der Salzlösung ein *negatives* elektrisches Potential an. Im Fall eines *edlen Metalls* liegt das Gleichgewicht mehr auf der linken Seite, wobei das Metall ein *positives* elektrisches Potential erhält.
Das Bestreben der Metalle, in Lösung zu gehen (Lösungsdruck), ist bei den unedlen Metallen am grössten. Edelmetalle andererseits sind bestrebt, aus dem Lösungszustand in den metallischen Zustand überzugehen.
Taucht man einen Zinkstab in eine Kupfersulfatlösung, so überzieht er sich mit Kupfer, da Zink als unedles Metall einen grösseren Lösungsdruck hat als Kupfer und die Kupferionen aus der Lösung verdrängt. Dabei reduziert Zink die Kupferionen zu metallischem Kupfer und wird selbst zu Zinkionen oxidiert.

Oxidation: $Zn \rightarrow Zn^{2+} + 2\,e^-$
Reduktion: $2\,e^- + Cu^{2+} \rightarrow Cu$

Redoxreaktion: $Zn + Cu^{2+} \rightarrow Zn^{2+} + Cu$

Taucht man aber umgekehrt einen Kupferstab in eine Zinksulfatlösung, so ist das Kupfer nicht imstande, die Zinkionen zu Zink zu reduzieren: Kupfer wirkt hingegen als Reduktionsmittel gegenüber Silberionen.

Oxidation: $Cu \rightarrow Cu^{2+} + 2\,e^-$
Reduktion: $2\,e^- + 2\,Ag^+ \rightarrow 2\,Ag$

Redoxreaktion: $Cu + 2\,Ag^+ \rightarrow Cu^{2+} + 2\,Ag$

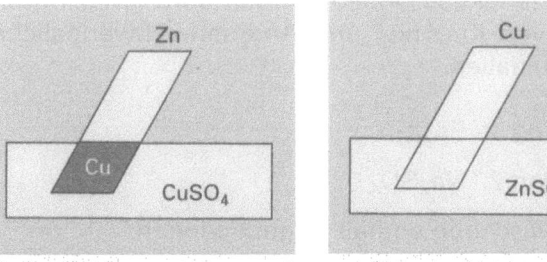

Abscheidung von Kupfer auf Zinkblech

Kupferblech bleibt unverändert in Zinksulfatlösung

1.7.1 Spannungsreihe der Metalle

Die Ergebnisse der obigen Versuche lassen sich mit Hilfe einer experimentellen Spannungsreihe übersichtlich darstellen. Als willkürliches Nullpotential wird die Normalwasserstoffelektrode herangezogen. Es ist dies ein von Wasserstoff umspültes Platinnetz in einer 1-molaren HCl-Lösung.

Metall	Oxidationsreaktion	Metallpotential	Metallcharakter
Magnesium	$Mg \rightleftharpoons Mg^{2+} + 2\,e^-$	zunehmend negativ ↑	unedle Metalle ↑
Aluminium	$Al \rightleftharpoons Al^{3+} + 3\,e^-$		
Zink	$Zn \rightleftharpoons Zn^{2+} + 2\,e^-$		
Chrom	$Cr \rightleftharpoons Cr^{3+} + 3\,e^-$		
Eisen	$Fe \rightleftharpoons Fe^{2+} + 2\,e^-$		
Nickel	$Ni \rightleftharpoons Ni^{2+} + 2\,e^-$		
Zinn	$Sn \rightleftharpoons Sn^{2+} + 2\,e^-$		
Blei	$Pb \rightleftharpoons Pb^{2+} + 2\,e^-$		
Wasserstoff	$H_2 \rightleftharpoons 2\,H^+ + 2\,e^-$	null	
Kupfer	$Cu \rightleftharpoons Cu^{2+} + 2\,e^-$	zunehmend positiv ↓	edle Metalle ↓
Silber	$Ag \rightleftharpoons Ag^+ + e^-$		
Gold	$Au \rightleftharpoons Au^{3+} + 3\,e^-$		

Theoretische Spannungsreihe wichtiger Metalle

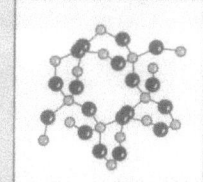

1.8. Korrosion der Metalle

1.8.1 Definition

Das Wort «Korrosion» leitet sich von dem lateinischen Wort «corrodere» = zernagen ab. Unter Korrosion versteht man die Zerstörung von Werkstoffen durch chemische Reaktionen mit Stoffen aus der Umgebung. Nicht nur Metalle unterliegen der Korrosion, auch Naturstoffe, keramische Stoffe, Kunststoffe usw. sind der Korrosion ausgesetzt. Eine mechanische Werkstoffzerstörung durch Abrieb oder Verschleiss ist hingegen keine Korrosion. Die Ursache der Metallkorrosion liegt im Bestreben der Metalle, aus dem energiereichen elementaren Zustand in einen energiearmen Zustand, gekennzeichnet durch Verbindung mit anderen Elementen, insbesondere Sauerstoff und Wasser, überzugehen. Deshalb kommen die meisten Metalle in der Natur nicht in elementarer Form vor, sondern nur in Verbindungen, z.B. vorwiegend mit Sauerstoff als Oxide, mit Schwefel als Sulfide, mit Kohlensäure als Karbonate, mit Sauerstoff und Wasser als Hydroxide usw. In diesen und anderen Formen werden sie als sogenannte «Erze» gewonnen. Nicht jede Korrosion ist metallzerstörend und somit unerwünscht, gewisse Metalle werden erst nach der Bildung einer primär gebildeten Korrosionsschicht (Passivierungsschicht) resistent gegenüber Umwelteinflüssen. Auf der Oberfläche solcher passiver Metalle entsteht durch Redoxvorgänge eine kompakte, elektrisch nicht leitende Schutzschicht aus Metalloxiden und Metallhydroxiden, die das überdeckte Metall vor weitergehender Korrosion schützt. Beispiele passiver metallischer Werkstoffe: Aluminium, Nickel, Chrom, Blei, Zinn, Edelstähle mit einem hohen Nickel- und Chromanteil, Titanlegierungen.

1.8.2 Korrosionsmechanismen

Allgemeines

Die Korrosionsvorgänge an metallischen Werkstoffen sind bei Raumtemperatur elektrochemischer Natur.
Diese laufen an der Phasengrenze Metall/Umgebung ab. Bei aktiven Metallen, die keine Passivierungsschicht zu bilden vermögen, wird dieser Vorgang in der Umgangssprache als «Rosten» bezeichnet.
Der Rostvorgang an einem normalen Baustahl kann durch die folgende einfache Reaktionsgleichung beschrieben werden:

$$2\,Fe + H_2O + 1\tfrac{1}{2}\,O_2 \longrightarrow 2\,FeOOH$$

Aus der Gleichung wird ersichtlich, dass der Redoxvorgang zur Bildung von Rost (FeOOH) aus Eisen Wasser und Sauerstoff erfordert. Bei Abwesenheit von Wasser und/oder Sauerstoff rostet Eisen nicht.

Der Gesamtvorgang der Korrosion besteht stets aus einem Oxidationsprozess (anodische Teilreaktion) und aus einem Reduktionsprozess (kathodische Teilreaktion).

An der *Anode* werden die Metalle zu Metallionen oxidiert:

$$Fe \longrightarrow Fe^{2+} + 2\,e^-$$
$$Zn \longrightarrow Zn^{2+} + 2\,e^-$$
$$Al \longrightarrow Al^{3+} + 3\,e^-$$

An der *Kathode* sind zwei verschiedenartige Reduktionsreaktionen möglich:

$$2\,H^+ + 2\,e^- \longrightarrow H_2$$
$$\tfrac{1}{2}\,O_2 + H_2O + 2\,e^- \longrightarrow 2\,OH^-$$

Wasserstoffkorrosion

Dieser Korrosionsvorgang tritt auf, wenn als Elektrolyt nichtoxidierende, verdünnte Säuren oder saure Salze mit einem pH < 6 vorliegen. Dabei ist zu beachten, dass nur Metalle, die unedler sind als das Potential einer Wasserstoffelektrode, angegriffen werden.
Bei der Wasserstoffkorrosion werden die unedlen Metalle oxidiert:

$$\text{Oxidation: } Fe \longrightarrow Fe^{2+} + 2\,e^-$$

Die frei werdenden Elektronen reduzieren die Protonen im sauren Medium zu Wasserstoffgas:

$$\text{Reduktion: } 2\,H^+ + 2\,e^- \longrightarrow H_2$$

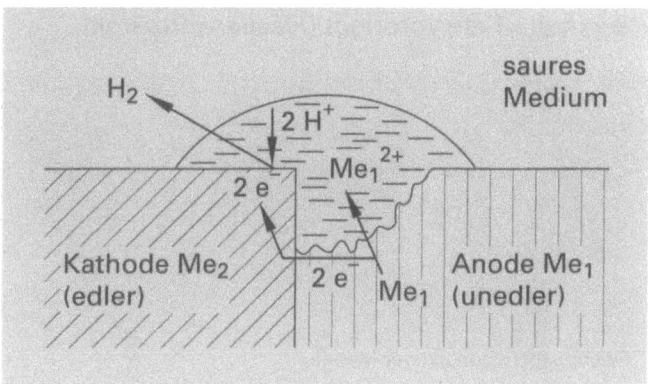

Korrosion nach dem Wasserstofftyp

Bei einem Metallgefüge aus Kristalliten eines edleren und eines unedleren Metalls, z.B. Cu-Zn, wirkt

1. Chemische Grundlagen

1.8. Korrosion der Metalle

das unedle Metall als Anode und geht in Lösung (Oxidation), während das edlere als Kathode Protonen zu Wassserstoff reduziert. Auch scheinbar homogene Metallgefüge, z.B. niedrig legierte Stähle, korrodieren nach diesem Mechanismus.

Sauerstoffkorrosion

Bei ungenügend sauren Elektrolyten (pH > 6) wird die Wasserstoffkorrosion durch die Sauerstoffkorrosion verdrängt. An der *Anode* wird das Metall oxidiert:

$$Fe \longrightarrow Fe^{2+} + 2\,e^-$$

gleichzeitig wird an der *Kathode* Sauerstoff reduziert:

$$1/2\,O_2 + H_2O + 2\,e^- \longrightarrow 2\,OH^-$$
(neutrales/basisches Medium)

$$1/2\,O_2 + H_2O + 2\,H^+ + 2\,e^- \longrightarrow 2\,H_2O$$
(saures Medium)

Massgebend für die Sauerstoffkorrosion ist das Potential einer sogenannten Sauerstoffelektrode, in diesem Fall das von Luftsauerstoff umgebene, korrodierende Metall. Das Sauerstoffpotential ist positiver als dasjenige der meisten Metalle (Ausnahme Edelmetalle), deshalb unterliegen die meisten Metalle der Sauerstoffkorrosion.

Die Mehrzahl der Korrosionserscheinungen an aktiven und passiven Metallen sind Folgen der Sauerstoffkorrosion bzw. Belüftungskorrosion. Aktive Metalle korrodieren durch die Sauerstoffkorrosion gleichmässig, da anodische und kathodische Bereiche mikroskopisch nahe zusammentreten. Die gebildete Korrosionsschicht aus Metallhydroxiden und Oxiden ist bei aktiven Metallen elektrisch leitfähig und porös, weshalb die Korrosion ebenmässig in die Tiefe vordringt (*Flächenkorrosion*).

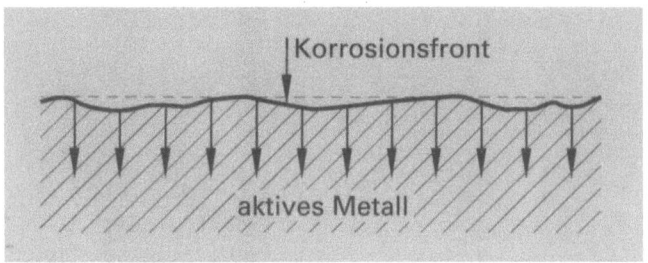

Flächenkorrosion aktiver Metalle

Passive Metalle wie Nickel, Chrom, Titan, austenitische Chromnickelstähle bilden durch Luftsauerstoff oder oxidierende Medien eine schützende Oxidschicht. Die kompakte, elektrisch isolierende Oxidschicht (Passivschicht) ändert das Potential der sonst unedlen Metalle in (positiver) Richtung des Potentials von Edelmetallen, d.h. die passivierten Metalle werden unempfindlich gegen Umwelteinwirkungen.

Ist bei passiven Metallen der Luftzutritt an gewissen Stellen behindert, z.B. durch Nieten, Spalten, Abdeckungen usw., so nimmt das Metall unter der Abdeckung infolge geringerer Sauerstoffkonzentration ein anderes Potential an. Bei Anwesenheit aggressiver Medien wird der abgedeckte Bereich unedler als die Umgebung und löst sich anodisch auf. Die freiwerdenden Elektronen wandern zu den sauerstoffreichen Regionen und reduzieren dort Sauerstoff (Belüftungskorrosion).

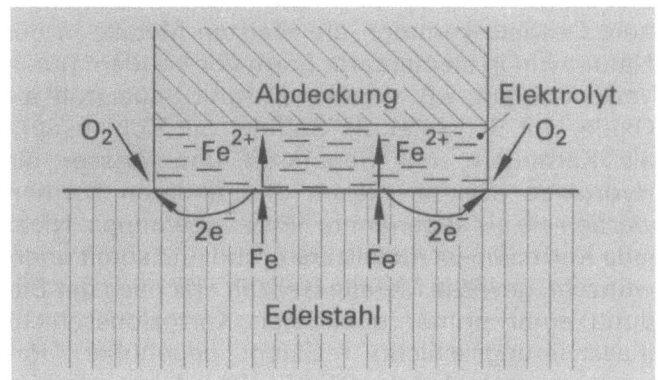

Belüftungkorrosion Stadium I

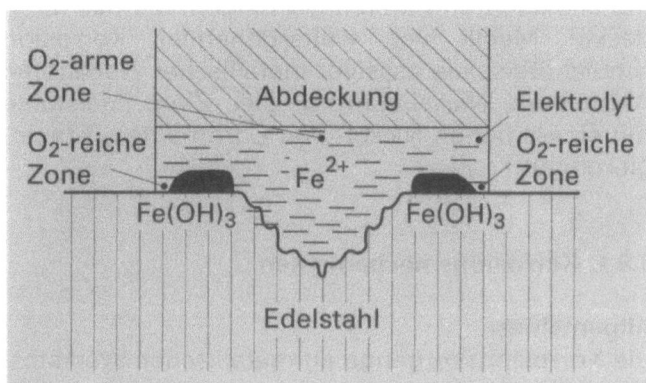

Belüftungskorrosion Stadium II

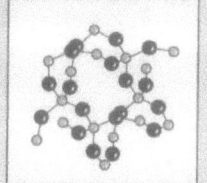

1.9 Organische Chemie

1.9.1 Chemie des Kohlenstoffs

Das Kohlenstoffatom hat eine besondere Stellung in der Mitte der 2. Periode im Periodensystem. Dank seiner vier Valenzelektronen ($2s^2p^2$) kann der Kohlenstoff bis zu vier unterschiedlich gerichtete Bindungen eingehen, meistens kovalente Bindungen. Da der Kohlenstoff auch Bindungen mit sich selbst eingehen kann, sind schon unter Einbezug von wenigen Nichtkohlenstoffatomen wie Wasserstoff, Sauerstoff, Stickstoff praktisch unendlich viele, strukturell unterschiedliche Kohlenstoffverbindungen möglich.

Der Begriff «Organische Chemie» wurde um 1800 durch den Chemiker J. J. Berzelius (1779 bis 1848) geprägt, als man noch glaubte, die Synthese organischer Stoffe sei nur über biologische Vorgänge mit Hilfe einer «Lebenskraft» möglich. Damals galt noch die Überzeugung, dass zum Aufbau von Verbindungen aus Kohlenstoff, Sauerstoff und anderen Elementen die Mitwirkung tierischer oder pflanzlicher Organismen nötig sei.
1828 wies der Chemiker Friedrich Wöhler (1800 bis 1882) durch seine «Harnstoffsynthese» nach, dass organische Stoffe auch ohne Organismen direkt im Reagenzglas aus anorganischen Stoffen herstellbar sind.

Nach der heutigen Auffassung ist die organische Chemie die Chemie des Kohlenstoffs, vor allem die Chemie der Kohlenwasserstoffe und ihrer durch Substitution mit anderen Elementen abgeleiteten Derivate (Abkömmlinge). Man erhält diese Stoffe über den Ersatz der Wasserstoffatome in Kohlenwasserstoffverbindungen durch Heteroatome, hauptsächlich Sauerstoff, Stickstoff, Schwefel, Phosphor und Halogene.

1.9.2 Kohlenwasserstoffe

Kohlenwasserstoffe (KW) als die einfachste Verbindungsklasse der organischen Chemie bestehen aus den Elementen Kohlenstoff und Wasserstoff. Man unterscheidet drei Typen von Kohlenwasserstoffen: gesättigte KW, die nur Einfachbindungen im Molekül aufweisen; ungesättigte KW mit zusätzlichen Doppel- oder Dreifachbindungen, aromatische KW mit zyklisch anzuordnenden Doppelbindungen.

Gesättigte Kohlenwasserstoffe (Alkane)

Die Kohlenwasserstoffatome sind in gesättigten KW (sp^3)-hybridisiert wie im Diamant. Die vier (sp^3)-Orbitale eines Kohlenstoffatoms sind vom C-Atom aus nach den vier Ecken eines Tetraeders ausgerichtet und überlappen dort mit s-Orbitalen von Wasserstoffatomen oder mit (sp^3)-Orbitalen von weiteren C-Atomen. Beim einfachsten KW, dem Methan (CH_4) überlappen die vier (sp^3)-Orbitale mit den s-Orbitalen von vier Wasserstoffatomen.

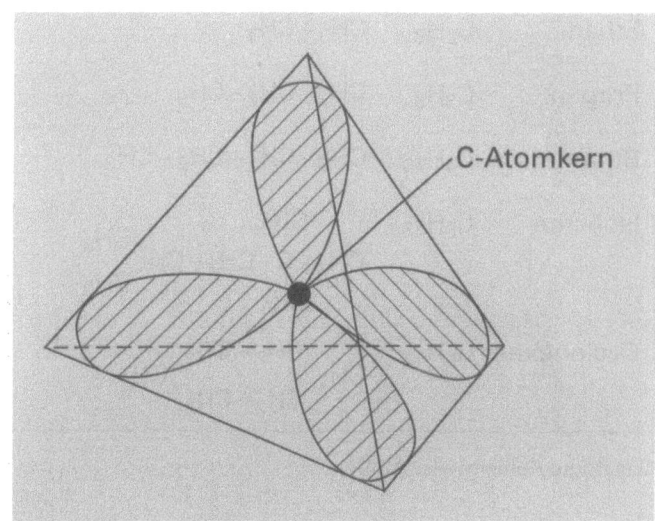

Atomorbitale des Kohlenstoffs in Methan

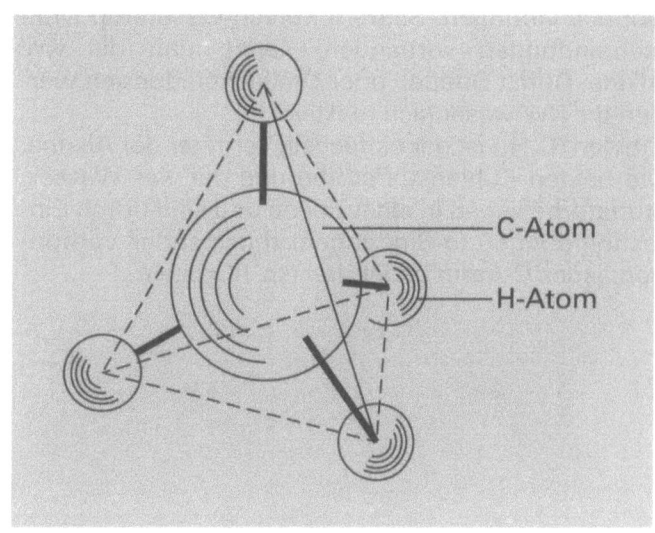

Räumliches Modell von Methan

Weitere Vertreter gesättigter Kohlenwasserstoffe der allgemeinen Formel C_nH_{2n+2} im Falle geradkettiger KW (alle C-Atome in einer Kette C – C – C – C) und verzweigter KW (Hauptkette mit Verzweigungen $-C-C-C-C-$ mit $C-C$) sind in der nachfolgenden Tabelle aufgeführt.

In zyklischen KW sind die C-Atome ringförmig miteinander verbunden; 5- und 6-Ringverbindungen sind die häufigsten Vertreter dieser Verbindungsklasse.

1. Chemische Grundlagen

1.9 Organische Chemie

Benennung	Formel	Struktur	Siedepunkt, in °C bei 1 atm	Verwendung/Vorkommen
Methan	CH_4	$H_2C(H)(H)H$	−161,5	in Erdgas enthalten
Ethan	C_2H_6	CH_3-CH_3	−88,5	in Erdgas enthalten
Propan	C_3H_8	$CH_3-CH_2-CH_3$	−42,5	Flüssiggas
Butan	C_4H_{10}	$CH_3-CH_2-CH_2-CH_3$	−0,5	Flüssiggas
Isooctan	C_8H_{18}	$CH_3-C(CH_3)(CH_3)-CH_2-CH(CH_3)(CH_3)$	99,2	Bestandteil von Motorenbenzin
Cyclohexan	C_6H_{12}	$CH_2(CH_2-CH_2)(CH_2-CH_2)CH_2$	80,7	Lösungsmittel in der chemischen Industrie

Gesättigte Kohlenwasserstoffe

Ungesättigte Kohlenwasserstoffe (Alkene und Alkine)

Die Alkene enthalten im Molekül eine oder mehrere Doppelbindungen. Sind im Kohlenwasserstoff Dreifachbindungen vorhanden, nennt man die KW Alkine. Durch Doppel- oder Dreifachbindungen werden die KW wesentlich reaktiver.

Ethylen (C_2H_4) ist der einfachste Vertreter der Alkene. Die beiden Kohlenstoffatome und die vier Wasserstoffatome liegen in einer Ebene und sind durch Einfachbindungen (σ-Bindungen) miteinander verbunden; jedes C-Atom bildet drei (sp^2)-Orbitale.

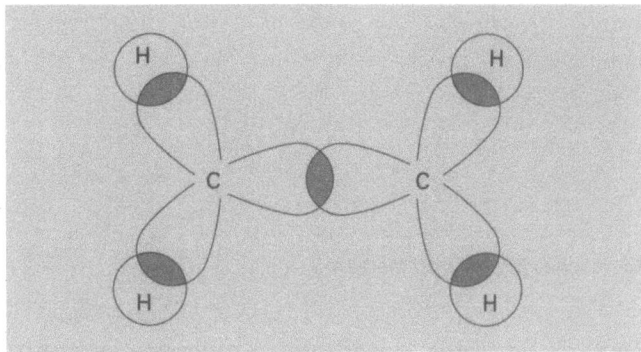

σ-Bindungen der (sp^2)-Hybridorbitale

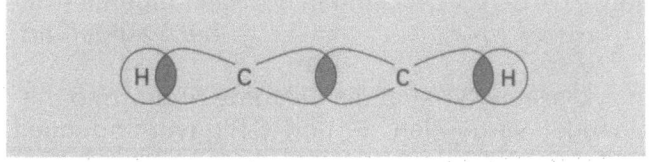

σ-Bindungssystem im Acetylen

Die beiden übriggebliebenen p-Orbitale der beiden C-Atome übelappen sich oberhalb und unterhalb des planaren Moleküls und bilden eine sogenannte π-Bindung.

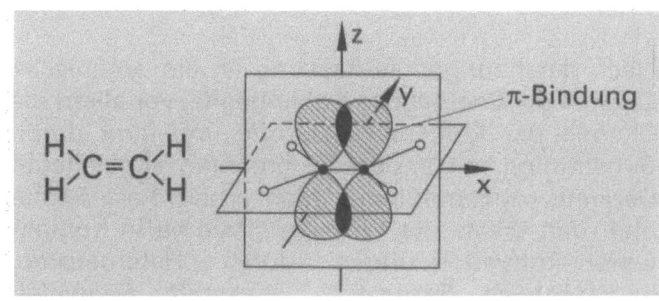

π-Bindungssystem im Ethylen

Acetylen als ein Alkin bildet zwei zueinander senkrechte π-Systeme, die zusammen mit den σ-Bindungen der beiden C-Atome eine Dreifachbindung ergeben. Die σ-Bindung (Einfachbindung) kommt durch eine Überlappung von (sp)-Orbitalen der C-Atome zustande.

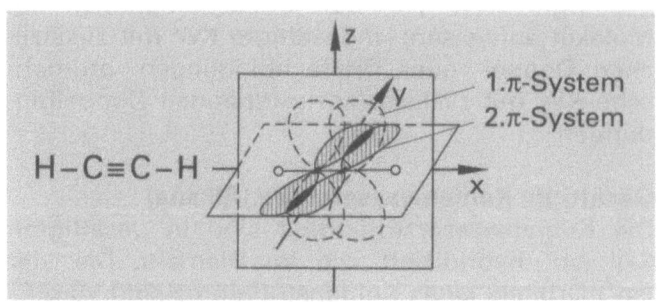

π-Bindungssystem im Acetylen

1.9 Organische Chemie

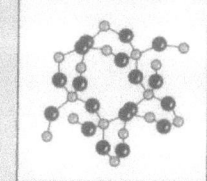

Benennung	Formel	Struktur	Siedepunkt, in °C bei 1 atm	Verwendung
Ethen (Ethylen)	C_2H_4	$CH_2 = CH_2$	– 103,7	Herstellung von Polyethylen
Propen	C_3H_6	$CH_2 = CH - CH_3$	– 47,7	Herstellung von Polypropylen
Butadien	C_4H_6	$CH_2 = CH - CH = CH_2$	–4	Herstellung von Polybutadien (Elastomere)
Acetylen	C_2H_2	$CH \equiv CH$	– 84	Schweissgas, Herstellung von PVC und Polyvinylacetat

Wichtige ungesättigte Kohlenwasserstoffe

Aromatische Kohlenwasserstoffe (Aromaten)

Die Verbindung Benzol ist der wichtigste Vertreter der Aromaten. Benzol kommt im Steinkohledestillat und im Erdöl vor. Es ist eine farblose, charakteristisch riechende Flüssigkeit (Siedepunkt 80,1 °C), die relativ giftig und krebserzeugend ist.

Benzol ist ein ringförmiges Molekül von 6 C-Atomen mit 3 konjugierten Doppelbindungen. Die Doppelbindungen bilden ein gemeinsames π-System, das sich über das ganze Ringmolekül erstreckt. Die 6 p-Orbitale der C-Atome überlappen sich rundherum oberhalb und unterhalb der Ebene des planaren Benzolmoleküls; dies führt zu einer zusätzlichen Stabilisierung (Aromatisierungsenergie) des Moleküls. Die Doppelbindungen in Benzol (und anderen Aromaten) sind deshalb nicht lokalisiert, darum wird anstelle der 3 Doppelbindungen häufig nur ein Kreis in einem regulären 6-Eck gezeichnet, jede Ecke repräsentiert ein C-Atom, die H-Atome lässt man weg.

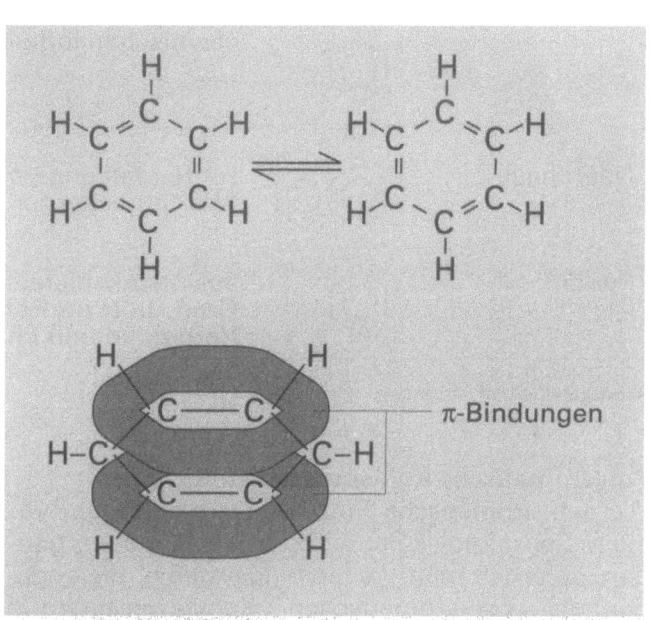

Bindungssystem in Benzol

Die nachfolgende Tabelle zeigt wichtige aromatische Verbindungen. Der aromatische Charakter des Benzols und anderer Aromaten bleibt unter Umständen auch erhalten, wenn ein Kohlenstoffatom im Ring durch ein Nichtkohlenstoffatom ersetzt wird; man erhält dadurch sogenannte heterozyklische Verbindungen. Durch Ersatz eines C-Atoms in Benzol (C_6H_6) gelangt man zu Pyridin (C_5H_5N), einem wichtigen Zwischenprodukt der industriellen organischen Chemie.

1. Chemische Grundlagen

1.9 Organische Chemie

Benennung	Struktur	Verwendung	Gesundheitsschädlichkeit (MAK = max. Arbeitsplatzkonz.)
Benzol	⬡	Herstellung von Polystyrol, in Motorenbenzin sind 2 % enthalten, Oktanzahl: 99	krebserzeugend
Toluol	⬡–CH₃	Lösungsmittel der chem. Industrie, einige % in Motorenbenzin enthalten, Oktanzahl: 124	MAK: 375 mg/m^3
Phenol	⬡–OH	Herstellung von: Phenolharzen, Epoxiden, Polyamiden u.a.	MAK: 19 mg/m^3
1,4 Dichlorbenzol	Cl–⬡–Cl	Lösungsmittel der chemischen Industrie	MAK: 450 mg/m^3
Naphthalin	⬡⬡	zur Herstellung von Phthalsäureestern (Weichmacher für Kunststoff)	MAK: 50 mg/m^3
Pyridin	⬡N	aus Steinkohleteer gewonnen, Grundstoff zur Herstellung von Herbiziden und Pharmazeutika	MAK: 15 mg/m^3

Aromatische Verbindungen

Polyaromatische Kohlenwasserstoffe

Werden aromatische Einzelringverbindungen, vor allem Benzolmoleküle, seitlich miteinander verbunden, so erhält man Vielfachringsysteme, die sogenannten polyaromatischen Kohlenwasserstoffe (PAK).

In letzter Zeit sind polyaromatische Kohlenwasserstoffe als umweltschädliche Stoffe vermehrt beachtet worden. Diese Substanzen können sich bei allen Verbrennungsprozessen von Kohlenstoffverbindungen bilden, vor allem aber sind sie im Dieselruss enthalten. Gewisse PAK bilden an der Luft aussergewöhnlich krebserzeugende Epoxide, weshalb dieselbetriebene Motorfahrzeuge vermehrt unter die Lupe genommen werden sollten.

Im Boden werden die PAK durch Mikroorganismen zwar abgebaut, aber viel langsamer als alle anderen Kohlenwasserstoffe. Es bedarf spezieller Sanierungssysteme, um die PAK aus Altlasten zu eliminieren.

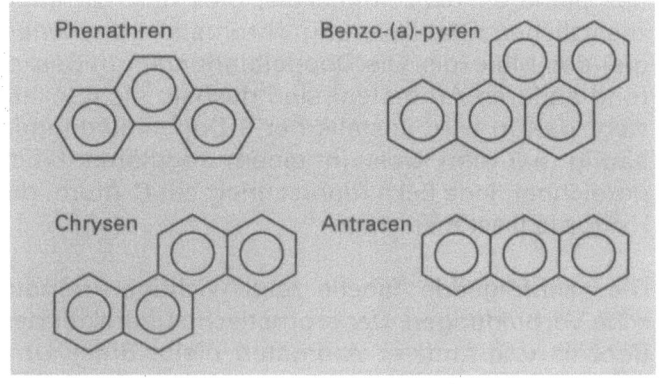

Krebserzeugende PAK

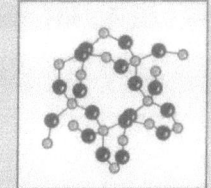

1.9 Organische Chemie

1.9.3 Verbindungsklassen der organischen Chemie

Die Verbindungen der organischen Chemie lassen sich in charakteristische Klassen einteilen. Die Alkane sind z.B. eine solche Stoffklasse; durch Einführung von Heteroatomen wie Sauerstoff, Stickstoff, Schwefel usw. sind weitere Stoffklassen zugänglich. Diese Heteroatome bilden innerhalb der organischen Moleküle sogenannte funktionelle Gruppen. Im folgenden sind die wichtigsten Verbindungsklassen der organischen Chemie mit ihren funktionellen Gruppen aufgeführt.

Alkohole

Durch partielle Oxidation von Alkanen erhält man Alkohole. So z.B. ergibt die Oxidation von Methan Methylalkohol

$$CH_4 + \tfrac{1}{2} O_2 \longrightarrow CH_3-O-H$$

Es wird zwischen primären, sekundären, tertiären Alkoholen und Polyolen (Polyalkohole) unterschieden:

Allgemeine Formel eines einwertigen Alkohols:

R_1-CH_2-OH primäre Alkohole (R_1 = H, Alkylrest, Arylrest)

$\begin{array}{c}R_1\\R_2\end{array}\!\!\!\!\diagdown\!\!\!\!\diagup CH-OH$ sekundäre Alkohole ($R_{1,2}$ = Alkylreste, Arylrest)

$R_2-\underset{R_3}{\overset{R_1}{\underset{|}{\overset{|}{C}}}}-OH$ tertiäre Alkohole ($R_{1,2,3}$ = Alkylreste, Arylrest)

Ether

Durch den Einbau eines Sauerstoffatoms in die C-Kette eines Kohlenwasserstoffs erhält man die Stoffklasse der Ether. Die bekannteste Verbindung ist der Diethylether $C_2H_5-O-C_2H_5$ mit einem sehr niedrigen Siedepunkt von 34,5 °C. In der Tabelle sind einige Alkohole und der Diethylether aufgezeichnet.

Benennung	Struktur	Herstellung	Verwendung	Gesundheitsschädlichkeit
Methanol	CH_3OH	Oxidation von Methan	Lösungsmittel der chemischen Industrie	20 ml tödlich MAK: 270 mg/m³
Ethanol	CH_3CH_2OH	Vergärung von Zuckern	allgemeines Lösungsmittel, in alkoholischen Getränken	100 bis 500 ml tödlich MAK: 1,9 g/m³
Ethandiol	CH_2-CH_2 | | OH OH	aus Ethylen	Frostschutzmittel, zur Herstellung von PET	–
Diethylether	CH_3CH_2\\ O CH_3CH_2/	Dehydratisierung von Ethylalkohol	Narkoseether Lösungsmittel	MAK: 1,2 g/m³

Alkohole und Ether

Aldehyde und Ketone

Aldehyde und Ketone erhält man durch Oxidation von primären respektive sekundären Alkoholen.

$$R-CH_2-OH + \tfrac{1}{2} O_2 \longrightarrow R-\overset{H}{\underset{|}{C}}=O + H_2O$$

Allgemeine Formel der Aldehyde und Ketone:

$R_1-\overset{\overset{O}{\|}}{C}-H$ Aldehyde (R_1 = H, Alkyl, Aryl)

$R_1-\overset{\overset{O}{\|}}{C}-R_2$ Ketone ($R_{1,2}$ = Alkyl, Aryl)

Aldehyde werden nach der zugehörigen Carbonsäure benannt; nach der allgemeinen Regel wird der Stammkohlenwasserstoff mit der Endung -al versehen. Ketone werden gemäss der IUPAC-Nomenklatur als Alkanone bezeichnet; so z.B. wäre der exakte Name für Aceton CH_3COCH_3 Propanon. In der nachfolgenden Tabelle sind einige wichtige Vertreter von Aldehyden und Ketonen aufgeführt.

1. Chemische Grundlagen

1.9 Organische Chemie

Benennung	Struktur	Herstellung	Verwendung	Gesundheits-schädlichkeit
Formaldehyd	CH_2O	aus Methanol	Harnstoff-Formaldehydharze, Phenolharze, Desinfektion	krebserzeugend MAK: 0,6 mg/m³
Acetaldehyd	CH_3CHO	aus Ethanol	Schneckengift, entsteht in der Leber durch Alkoholabbau, chemischer Grundstoff	Giftklasse 1 MAK: 90 mg/m³
Aceton	CH_3COCH_3	aus Isopropanol	Lösungsmittel für Thermoplaste, zur Herstellung von Plexiglas, Epoxidharzen	– MAK: 1 bis 2,4 g/m³
Cyclohexanon	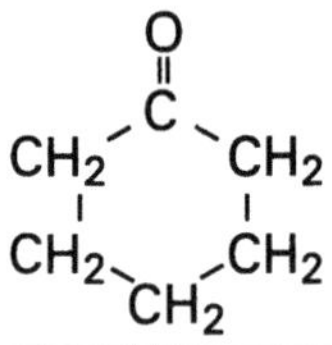 (Ringstruktur mit C=O)	aus Phenol	Herstellung von Polyamid	–

Aldehyde und Ketone

Carbonsäuren

Carbonsäuren entstehen u.a. durch weitere Oxidation von Aldehyden:

$$R-CH_2-CHO + \tfrac{1}{2} O_2 \longrightarrow R-CH_2-COOH$$

(R = H, Alkyl, Aryl)

Die Carbonsäuren sind schwache Säuren. Nach der IUPAC-Nomenklatur werden sie Alkansäuren genannt, in der Praxis werden jedoch Trivialnamen verwendet, z.B. die Ethansäure CH_3COOH wird allgemein als Essigsäure bezeichnet.

Ester

Alkohole und Ester reagieren in einer Gleichgewichtsreaktion unter Wasserabspaltung zur Verbindungsklasse der Ester:

$$R_1-\overset{O}{\underset{\|}{C}}-OH + R_2-OH \rightleftharpoons R_1-\overset{O}{\underset{\|}{C}}-O-R_2 + H_2O$$

(R_1 = H, Alkyl, Aryl; R_2 = Alkyl, Aryl)

Ester bezeichnet man allgemein mit dem Namen der Säure und stellt die alkoholische Alkylgruppe voran; z.B. Methylacetat für CH_3COOCH_3.

Benennung	Struktur	Herstellung	Verwendung
Ameisensäure	$HCOOH$	aus CO	Unterstützung der Milchsäuregärung von Grünfutter
Essigsäure	CH_3COOH	aus Ethylalkohol durch Fermentation, durch Oxidation von KW	in Salatsaucen, Herstellung von Polyvinylacetat
Essigsäure-ethylester	$CH_3COOCH_2CH_3$	aus Ethylalkohol und Essigsäure	wichtiges Lösungsmittel u.a. für Lacke
Phthalsäure-dioctylester	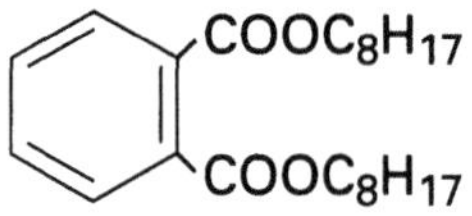 (Benzolring mit $COOC_8H_{17}$, $COOC_8H_{17}$)	aus Phthalsäure und Octylalkohol	Weichmacher für PVC

Carbonsäuren und Ester

1.9 Organische Chemie

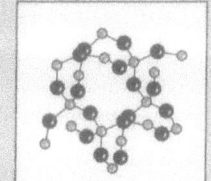

Amine
Die Amine leiten sich von Ammoniak ab; die Substitution der Wasserstoffatome des Ammoniaks durch Alkyl- oder Arylreste führt zu primären, sekundären und tertiären Aminen.

$$H-\underset{\underset{H}{|}}{N}-H \qquad R-\underset{\underset{H}{|}}{N}-H$$

Ammoniak (R = Alkyl, Aryl)   primäre Amine

$$R_1-\underset{\underset{H}{|}}{N}-R_2$$

sekundäre Amine ($R_{1,2}$ = Alkyl, Aryl)

$$R_1-\underset{\underset{R_2}{|}}{\overset{\overset{R_3}{|}}{N}}$$

tertiäre Amine ($R_{1,2,3}$ = Alkyl, Aryl)

Aliphatische Amine (Amine mit Alkylresten) sind stärkere Basen als der Ammoniak, es sind demnach auch Protonenempfängerbasen, die mit Wasser basisch reagieren:

$$R_1-\underset{\underset{H}{|}}{N}-H + H_2O \rightleftharpoons R_1-\underset{\underset{H}{|}}{\overset{\overset{H}{|}}{N^+}}-H + OH^-$$

Die Benennung der Amine folgt mit dem Namen des Kohlenwasserstoffrestes und der Endung -amin, z.B. Propylamin für $CH_3CH_2CH_2–NH_2$.

Amide
Amide entstehen unter Wasserabspaltung aus Carbonsäuren und Ammoniak sowie primären und sekundären Aminen:

$$R_1-\overset{\overset{O}{\|}}{C}-OH + R_2-NH_2 \longrightarrow R_1-\overset{\overset{O}{\|}}{C}-NH-R_2 + H_2O$$

Die Amide sind im Gegensatz zu den Estern sehr stabile Verbindungen. Zur Benennung folgt auf den Namen der Säure der Name des Amins, z.B. Essigsäuremethylamid für $CH_3–CONH–CH_3$.

Aminocarbonsäuren
Die bedeutendsten Aminocarbonsäuren sind diejenigen, die am Aufbau der Proteine (Eiweisse) beteiligt sind. Es sind dies α-Aminocarbonsäuren, von denen in der Natur viele verschiedene Typen existieren: Allgemeine Formel der α-Aminosäuren:

$$R-\underset{\underset{H}{|}}{\overset{\overset{NH_2}{|}}{C}}-COOH \qquad R = H, Alkyl, Arylalkyl$$

Einige Vertreter der natürlichen Aminosäuren:

$$H-\underset{\underset{H}{|}}{\overset{\overset{NH_2}{|}}{C}}-COOH \qquad CH_3-\underset{\underset{H}{|}}{\overset{\overset{NH_2}{|}}{C}}-COOH$$

Glycin   Alanin

$$HO-CH_2-\underset{\underset{H}{|}}{\overset{\overset{NH_2}{|}}{C}}-COOH$$

Serin

Benennung	Struktur	Herstellung	Verwendung
Methylamin	CH_3NH_2	aus Ammoniak und Methanol	Grundstoff für Lösungsmittel, Pestizide, Pharmazeutika, Detergenzien
Hexamethylendiamin	(Cyclohexan-artige Struktur mit $CH_2–NH_2$-Gruppen)	aus Adipinsäure	zur Herstellung von Polyamiden z.B. Nylon 6.6
ε-Caprolactam	(Ringstruktur mit CH_2-Gruppen und $C=O$, NH)	vom Phenol ausgehend	Herstellung von Nylon 6

Amine und Amide

1. Chemische Grundlagen

1.9 Organische Chemie

20 verschiedene Aminosäuren sind die Bausteine der Proteine und Peptide, aus denen u.a. die Biomasse der Lebewesen aufgebaut ist. Da die Aminosäuren 2 funktionelle Gruppen enthalten (Carbonsäure und Aminogruppe), lassen sie sich unter Wasserabspaltung zu Makromolekülen kondensieren. Als Beispiel sei ein Tripeptid aus Glycin, Alanin und Serin (siehe Seite 29) aufgeführt:

$$NH_2-CH_2-CONH-\underset{\underset{CH_3}{|}}{CH}-CONH-\underset{\underset{CH(CH_3)_2}{|}}{CH}-COOH + H_2O$$

In den Proteinen sind Hunderte bis Tausende von Aminosäuren mit Amidbindungen miteinander kovalent verbunden.

Halogenierte Kohlenwasserstoffe

Kohlenwasserstoffe lassen sich durch Behandlung mit Fluor oder Chlor fluorieren respektive chlorieren; auch eine Reaktion mit Brom ist möglich, wobei die weniger bedeutenden Bromide anfallen.

$$CH_4 + 4Cl_2 \longrightarrow CCl_4 + 4HCl$$

Chlorierung von Methan zu Tetrachlorkohlenstoff: Chlorkohlenwasserstoffe CKW sind wichtige Lösungsmittel. Die Fluor-Chlor-Kohlenwasserstoffe finden Verwendung als Verdichtungsmittel in Kälteanlagen, als Blähmittel für Schaumstoffe und als Feuerlöschmittel. Wegen ihrer hohen Beständigkeit gelangen vollhalogenierte FCKW innerhalb von Jahren in die Stratosphäre und zerstören dort durch Bildung von Chlorradikalen (Cl•) die Ozonschicht (O_3). Der Einsatz von vollhalogenierten FCKW für Hartschaum ist in der EU verboten, die weniger gefährlichen, viel unbeständigeren, teilhalogenierten FCKW (Hydrofluoralkane) sind noch bis zur Jahrtausendwende erlaubt.

Dioxine

Dioxine sind allgemein bekannt geworden seit dem Chemieunglück von Seveso (1976). Dioxine und Benzofurane werden auch bei Verbrennungsprozessen von organischen Stoffen in sehr kleinen Mengen gebildet. Bei Anwesenheit von Chlorverbindungen, z.B. PVC, entstehen noch zusätzlich die für Warmblüter besonders giftigen polychlorierten Dibenzodioxine (PCDD) und polychlorierten Dibenzofurane (PCDF). Die Bildung dieser Stoffe erreicht ein Optimum bei einer Flammentemperatur zwischen 600 °C und 900 °C.

Die giftigste Verbindung aus dieser Stoffklasse ist das 2, 3, 7, 8-Tetrachlordibenzodioxin (TCDD), 1 bis 2 mg sind für einen erwachsenen Hund tödlich. Die Toxizität für Menschen ist jedoch unbekannt.

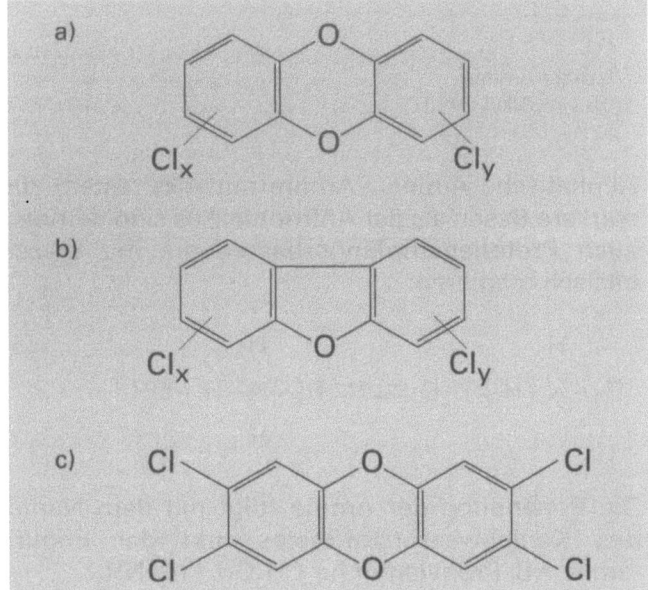

Dioxine und Benzofurane: a) PCDD
b) PCDF
c) TCDD

Benennung	Formel	Verwendung	Zerstörung des Ozonschildes
Dichlormethan	CH_2Cl_2	Lösungsmittel der chemischen Industrie	praktisch nicht
Trichlormethan	$CHCl_3$	Lösungsmittel	praktisch nicht
Dichlorethylen	$CHCl=CHCl$	Lösungsmittel zum Entfetten	gering
Trichlorethylen	$CHCl=CCl_2$	Lösungsmittel zum Entfetten	gering
Perchlorethylen	$Cl_2C=CCl_2$	für chemische Reinigung	mässig
Dichlordifluormethan (FCKW 12)	CCl_2F_2	Schaum- und Kältemittel	sehr hoch
Trichlorfluormethan (FCKW 11)	CCl_3F	Schaum- und Kältemittel	sehr hoch
Dichlorfluormethan (HFA 22)	$CHCl_2F$	Schaum- und Kältemittel	mittel

Halogenierte Kohlenwasserstoffe

2. Baustoffe

2.1 Einleitung

2.1.1 Überblick

Wenn man von *innovativen Leistungen im Bauwesen* spricht, denkt man an die Entwicklung umweltfreundlicher Materialien, an einen behutsamen Umgang mit den Ressourcen und an Investitionen in neue, energiesparende Technologien. Schon heute werden mehr als 50 Prozent der Bauinvestitionen für die Erneuerung aufgewendet. Die Beurteilung der Dauerhaftigkeit und Umweltverträglichkeit der Baustoffe erfordert ein fundiertes Wissen.

Es besteht kein Mangel an umfassenden Werken über spezielle Baustoff-Gruppen wie z.B. *Organische Baustoffe (Holz und Kunststoffe)*.

Es gibt auch mehrere ausführliche Bücher über die *Bauchemie*, die sich mit dem Aufbau, der Dauerhaftigkeit und dem Schutz der Baustoffe befassen.

Was jedoch fehlt, sind einführende Lehrbücher, die versuchen, die wichtigsten Zusammenhänge auf allgemeinverständliche Weise und praxisbezogen darzustellen. Dieses Grundwissen soll die Baufachleute befähigen, die wichtigsten Erkenntnisse zur *Beurteilung der Beständigkeit, Um- und Nachweltverträglichkeit der Baustoffe* in der Praxis anzuwenden.

In diesem Kapitel wird ein Versuch unternommen, diese Lücke zu schliessen. Dabei wurde auf das Herleiten und Verwenden von zu vielen naturwissenschaftlichen Grundlagen so weit wie möglich verzichtet. Objektbezogene Modellvorstellungen, wie sie z.B. für das Verständnis der Metallkorrosion benötigt werden, sollten mit möglichst wenig Fachausdrücken auskommen. Bei der umfassenden und komplexen Materie der sogenannten nichtvorgeformten Kunststoffe (wie Anstriche, Fugenmassen und Kleber), wurde versucht, mit neuen Begriffen wie z.B. Feinstmörtel, Typ Dispersion und anderen, die Gemeinsamkeiten hervorzuheben und damit eine *Transparenz über das Angebot* in materialtechnologischer Hinsicht zu erreichen.

Als Hauptziel wurde angestrebt, den Leser zu befähigen, ein gewichtiges Wort bei der *optimalen Materialwahl* mitzureden. Dabei sollen unter optimal vor allem die Aspekte Dauerhaftigkeit, Um- und Nachweltverträglichkeit verstanden werden. Diese Wahl kommt durch einen Vergleich eines *objektspezifischen Anforderungsprofils* an einen Baustoff mit dem Angebot zustande.

Das prinzipielle Angebot in materialtechnologischer Hinsicht ergibt sich durch die Reduzierung des Marktangebotes auf die wesentlichsten, mate-

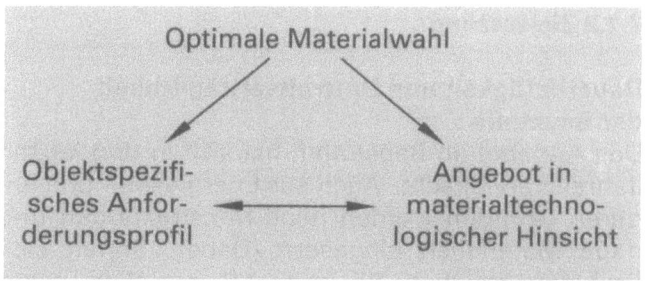

Optimale Materialwahl: Vergleich des Anforderungsprofils mit dem Angebot

rialtechnologisch begründeten Grundtypen. Dabei geht es darum, dass z. B. ein Kleber mit dem Handelsnamen «Parafix» für einen Praxiseinsatz nicht bezüglich seiner *chemischen Zusammensetzung* beurteilt wird; vielmehr soll er in eine der vorgestellten Materialklassen für *sogenannte Feinstmörtel* eingereiht werden. Diese zeichnen sich durch gemeinsame, charakteristische Eigenschaften aus. Wasserverdünnte Anstriche, Kleber usw. sind z.B. umweltfreundlicher als lösungsmittelhaltige, anderseits ist ihre Anwendung bei tiefen Temperaturen nicht mehr möglich. Materialtechnologisch werden sie mit *Typ Dispersion* gekennzeichnet.

In der *Baustofflehre* werden die Baustoffe in eine der drei folgenden Gruppen eingeteilt:
– *Metalle* (z.B. Stahl, Aluminium),
– *Mineralische Baustoffe* (z.B. Beton, Backstein) und
– *Organische Baustoffe* (z.B. Holz, Kunststoffe).

Wichtige Kapitel der Baustofflehre befassen sich mit:
– *Wasserchemie*,
– *Korrosionslehre*,
– *Bautenschutz*,
– *Toxikologie* und
– *Ökologie*.

Die Anwesenheit von flüssigem Wasser ist eine wesentliche Voraussetzung für die Zerstörung der Baustoffe (Korrosion). Der Bautenschutz befasst sich deshalb mit dem Fernhalten des Wassers.

Die Toxikologie behandelt die Giftigkeit der Baustoffe und die Ökologie deren Umweltverträglichkeit. Bedeutsam für die Praxis wären einheitliche Produktedeklarationen, wie sie ansatzweise bereits bestehen. Als Beispiel sei der *Deklarationsraster des SIA* [28] genannt.

2. Baustoffe

2.1 Einleitung

2.1.2 Zielsetzung

Dauerhaftigkeit und Umweltverträglichkeit der Baustoffe

Das Angebot an Baustoffen hat sich in den letzten Jahren vervielfacht. Auch aus Energiespar- und anderen Gründen werden neue Konstruktionen und neue Materialien eingesetzt. Dabei können sich Probleme ergeben. So ist es z.B. ärgerlich, wenn eine Sonnenkollektoranlage zwar optimal berechnet wurde und zufriedenstellend funktioniert, aber schon nach wenigen Jahren korrodiert.
Um solche Fehler zu vermeiden, sind minimale naturwissenschaftliche Grundkenntnisse über die Baustoffe nötig.

Die Baustofflehre beschreibt die Zusammenhänge zwischen
- dem Aufbau der Stoffe («kleinste Teilchen» und «zusammenhaltende Kräfte») und
- den chemischen Eigenschaften der Baustoffe.

So können die Dauerhaftigkeit, die gegenseitige Verträglichkeit der Stoffe und das Verhalten in bezug auf Mensch und Umwelt beurteilt werden. Zudem wird ein Überblick über das Angebot an Baustoffen, deren Ursprung und die Entsorgung gegeben.
Die mechanischen Eigenschaften der Baustoffe werden jedoch nur am Rande behandelt.

Stoffe, Energie und Umwelt

Stoffe
Untersuchen wir den *Aufbau der Stoffe*, so erkennen wir eine «Element-Bauweise», d.h. alle Stoffe sind aus etwa 100 Grundstoffen, den chemischen Elementen, aufgebaut. Diese können weder erzeugt noch vernichtet werden (Gesetz von der Massenerhaltung).

Energie
Alle Stoffe haben, bedingt durch die Energiezufuhr bei der Herstellung, einen «*Energieinhalt*».
Energiereiche Stoffe sind oft gleichzeitig reaktionsfähig bzw. unedel und zeigen das Bestreben, sich in Stoffe mit geringerem Energieinhalt umzuwandeln (z.B. rosten).

Umwelt
Wir unterscheiden *erneuerbare Stoffe* wie z.B. das Holz und nicht erneuerbare Stoffe (z.B. Kunststoffe aus Erdöl).
Letztere sind nicht Bestandteile des heutigen, natürlichen Kohlenstoff-Kreislaufs.
Problematisch werden Stoffe, wenn sie natürliche Kreisläufe beeinflussen.

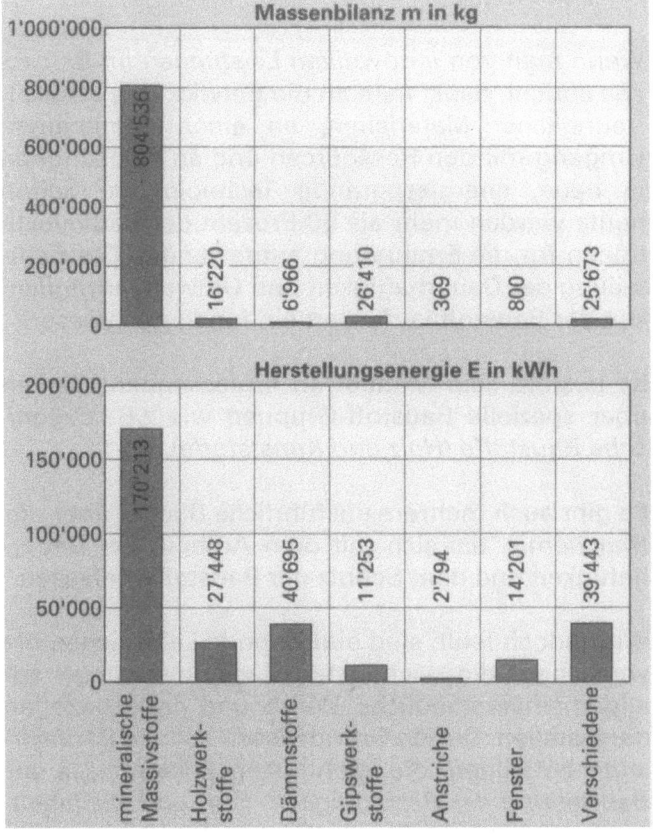

Massenbilanz m und Herstellungsenergie E der Baustoffe am Beispiel einer Wohnsiedlung. Das Verhältnis Herstellungsenergie zu Betriebsenergie ist 0,55 für 40 Jahre bzw. 0,28 für 80 Jahre Lebensdauer.

Zweck der Baustofflehre

Je länger desto mehr erhalten im Bauwesen die Aspekte Dauerhaftigkeit und Um- bzw. Nachweltverträglichkeit einen ähnlichen Stellenwert wie die Festigkeit.
Die optimale Materialwahl wird durch das vielfältige und stetig wachsende Angebot schwieriger.
Neue Bau- und Hilfsstoffe ermöglichen neue und rationellere Bauverfahren.
Durch die konsequente Forderung nach sinnvoller Energienutzung an Bauten entstehen neue materialtechnologische und hygienische Probleme, z.B. das Auftreten von Legionellen im Warmwasser (Anhang 3.4).
Die zunehmende Umweltbelastung erfordert neue Massnahmen im Bereich Boden- und Gewässerschutz, Luftreinhaltung sowie Entsorgung.
Schlagworte wie «dubiose Wasseraufbereitungsgeräte», «Nitrate im Trinkwasser», «Gifte in Wohnräumen» usw. verunsichern Bauherren zusehends.

In den folgenden Abschnitten werden drei Beispiele aus der Baupraxis vorgestellt, welche die Bedeutung der naturwissenschaftlichen Betrachtungsweise zeigen sollen.

2.1 Einleitung

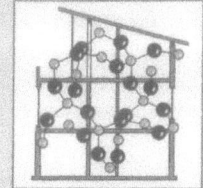

Beispiel 1: Nichtrostende Stähle (NRST)

Die Katastrophe im Hallenbad von Uster
(Anhang 3.6.3)
Im Hallenbad Uster wurde eine schwere Betondecke mittels Nichtrostendem Stahl heruntergehängt. Obwohl Stahlbügel brachen und braune Flecken zeigten, wurde in der Annahme, dass Nichtrostender Stahl nicht korrodiert, nichts unternommen. Dies war verhängnisvoll. Die Betondecke stürzte ein und forderte zahlreiche Menschenleben.

Dieses tragische Unglück führte zu einer grossen Verunsicherung im Bauwesen. Es wurden folgende Fragen gestellt:
- Warum rostet Nichtrostender Stahl?
- Bestehen bei anderen Bauwerken ähnliche Gefahren?

Wo sind Nichtrostende Stähle im Bauwesen eingesetzt? (Anhang 3.6.2)
Korrosionsbeständige Werkstoffe haben eine grosse Bedeutung im Bauwesen, z.B. als Anker bei vorgehängten Fassaden, Kragplattenanschlüssen usw. Als Metallanker werden verschiedene unlegierte Stähle, verzinkter Stahl und Nichtrostende Stähle eingesetzt.

Welche Typen gibt es? (Anhang 3.6.1)
Nichtrostende Stähle werden veraltet auch als V2A- und V4A- Stähle bezeichnet. Exakter ist die Bezeichnung mit der Werkstoffnummer: z.B. hat der V2A-Stahl, der in Uster eingesetzt wurde, die Werkstoff-Nr. 1.4301.
Die Nichtrostenden Stähle sind hoch legiert und enthalten neben Eisen als Grundstoff noch grosse Mengen an Chrom (etwa 18 %) und Nickel (etwa 8 %). Sie werden deshalb auch als Chromnickelstähle 18/8 bezeichnet. Der Unterschied zwischen den üblichen Bezeichnungen V2A und V4A besteht im Molybdängehalt.

Was weiss man über das Korrosionsverhalten von Baustählen grundsätzlich? (Anhang 3.6.1)

Man unterscheidet *3 Beanspruchungsarten* [2]:
- I Wasser (H_2O) und Luftsauerstoff (O_2).
- II Zusätzlich Chlorid Cl^- z.B. aus Streusalz oder durch die Wasserdesinfektion.
- III Zusätzlich mechanische Zugbeanspruchung.

und *2 sichtbare Korrosionsformen*:
- meist harmloser gleichmässiger Flächenabtrag (z.B. Eisenbahnschiene) und
- begrenzter örtlicher Angriff, der dafür sehr tief in das Material hineingeht und als Lochfrass bezeichnet wird.

Das Korrosionsverhalten von V2A (Nr. 1.4301) bezüglich Lochfrass ist wie folgt zu beurteilen:

Beanspruchung	Beurteilung
I	E: keine Korrosion
II	F: in chloridhaltiger Umgebung Lochkorrosion
III	H: in chloridhaltiger Umgebung Spannungsrisskorrosion.

Die Schadensanalyse durch die EMPA Dübendorf ergab im «Falle Uster» als Schadensursache: *Chloridinduzierte Spannungsrisskorrosion.*
- Durch die Chlorung des Hallenbadwassers entstand das stark korrosionswirksame Chlorid.
- Die Bügel standen durch das Gewicht der Betondecke unter dauernder mechanischer Spannung.

Gibt es Normen für den Einsatz Nichtrostender Stähle im Bauwesen?
In der SIA-Dokumentation D 030 (1990) wurden einige wichtige Grundsätze für den Einsatz Nichtrostender Stähle im Bauwesen formuliert:
- Für Fassaden sind V2A-Stähle in Umgebungen ohne höhere Chloridbeaufschlagung (abseits von stark gesalzenen Strassen) geeignet.

Dem ist noch beizufügen, dass es grundsätzlich wichtig ist, Fassaden und deren Befestigungselemente aus Nichtrostenden Stählen periodisch zu reinigen. Wie den Kapiteln 1.8 «Korrosion der Metalle» und 2.4 «Beständigkeit der Metalle» zu entnehmen ist, entstehen unter Ablagerungen sogenannte Belüftungselemente, die wiederum zum Lochfrass führen.

- Als Befestigungsmittel hinter einer Fassade ist auch der chloridbeständigere V4A bei starker Chlorideinwirkung problematisch.

Diesem Umstand wird in der heutigen Baupraxis zu wenig Beachtung geschenkt. Angaben über Metalle, die in der gleichen Situation beständiger sind, findet man in [1].

Beispiel 2: Karbonatisierung von Beton
Beton ist kein homogener Baustoff. Er besteht aus Zementstein (der beim Abbinden aus dem Portlandzement entsteht), Zuschlag (Kies, Sand) und Poren.

Beton enthält etwa 3 Vol.-% wasserfüllbare Kapillarporen mit einem Durchmesser d von 10^{-8} bis 10^{-5} m. Weiter finden sich im Normalbeton etwa

2. Baustoffe

2.1 Einleitung

34 1 Vol.-% kapillar nichtwasserfüllbare Luftporen mit Durchmessern im Bereich von 10^{-3} bis 10^{-2} m.

Die *Diffusionswiderstandszahl* μ vergleicht den Widerstand eines Materials beim Durchdringen eines Gases im Vergleich zu einer gleichdicken Luftschicht. Für Beton gilt je nach Qualität:
- $\mu_{H_2O} \approx 100$
- $\mu_{CO_2} \approx 300$.

Somit hat das grössere Kohlendioxidmolekül mehr Mühe, in den Beton einzudringen.

Karbonatisierung

Portlandzement wird durch das Brennen von Kalk $CaCO_3$ und Ton bei sehr hohen Temperaturen hergestellt. Beim Abbinden mit Wasser entsteht viel Kalziumhydroxid $Ca(OH)_2$.
Beim Karbonatisieren von Beton erfolgt an der Oberfläche eine chemische Reaktion des Kalziumhydroxides mit der Luftkohlensäure CO_2. Dabei entsteht wieder Kalk:

$$Ca(OH)_2 + CO_2 \longrightarrow CaCO_3 + H_2O$$

Die starke Base Kalziumhydroxid wird dabei neutralisiert. Dies nennt man karbonatisieren.

Vorteile: Korrosivität für Aluminium, Glas und Anstriche verschwindet, Betonfestigkeit nimmt zu.

Nachteile: Der Korrosionsschutz für die Bewehrung wird aufgehoben. Verantwortlich für den Korrosionsschutz ist das Kalziumhydroxid.

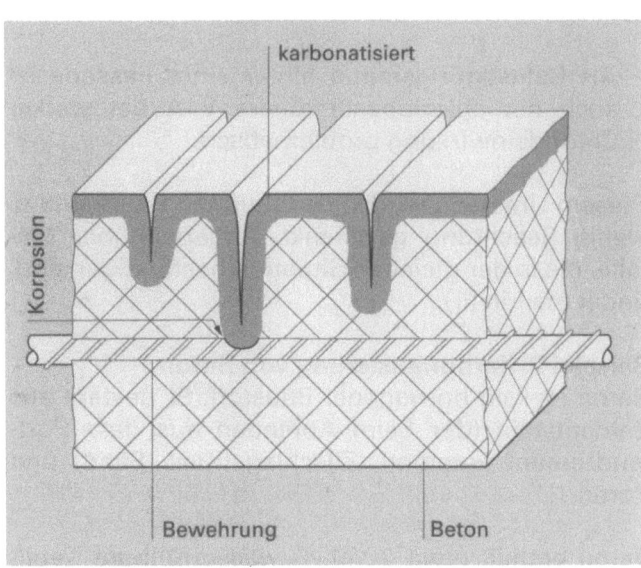

An der Bewehrung kann Korrosion auftreten, wenn die Karbonatisierung die Betonüberdeckung vollständig erfasst hat

Fortschreiten der Karbonatisierung ins Betoninnere

Um das Fortschreiten der Karbonatisierung ins Betoninnere zu beschreiben, kann man als Näherung das sogenannte Wurzel-Zeit-Gesetz verwenden:

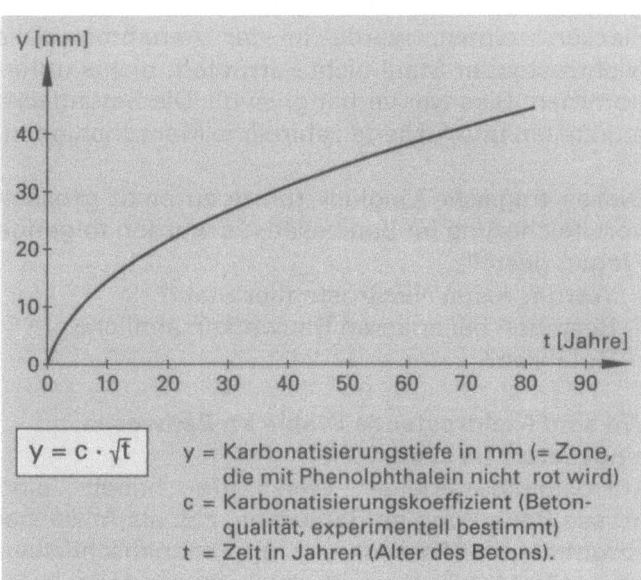

$y = c \cdot \sqrt{t}$

y = Karbonatisierungstiefe in mm (= Zone, die mit Phenolphthalein nicht rot wird)
c = Karbonatisierungskoeffizient (Betonqualität, experimentell bestimmt)
t = Zeit in Jahren (Alter des Betons).

Karbonatisierungstiefe in Abhängigkeit der Zeit

Beispiel aus der Praxis:
Experimentell ist ermittelt worden:

$$c = \frac{y}{\sqrt{t}} = 3{,}16 \text{ mm} \cdot a^{-\frac{1}{2}}$$

Das Alter des Betons (t in Jahren [a]) ist bekannt, und mittels des Indikators Phenolphthalein wird y bestimmt. Wenn noch Kalziumhydroxid vorliegt, ist der Indikator rot.
Die Überdeckung der Bewehrung d beträgt 20 mm. Dies kann mittels definierter Magnete gemessen werden.

Wann erreicht die Karbonatisierung die Bewehrungsoberfläche?
Diese Zeit wird oft mit Lebenserwartung (T) bezeichnet. Der Begriff Lebenserwartung ist nicht korrekt, eine Korrosion der Bewehrung erfolgt nur, wenn gleichzeitig noch Wasser und Sauerstoff anwesend sind. Anhand obiger Gleichung für die zeitliche Änderung der Karbonatisierungstiefe lässt sich eine Lebenserwartung von rund 40 Jahren errechnen.

Der Diffusionswiderstand der Betonschicht gegenüber CO_2 errechnet sich aus (Abschnitt 2.7.3):

$$s_{(Beton)} = \mu \cdot d = 300 \cdot 0{,}02 \text{ m} = 6 \text{ m}$$

2.1 Einleitung

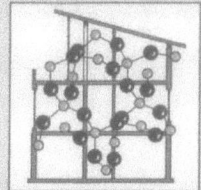

Wie verlängert sich die Lebenserwartung, wenn der Beton mit einem *Anstrich* von 100 μm Dicke mit $\mu_{CO_2} = 50'000$ versehen wird?

$$s_{(Beschichtung)} = \mu \cdot d = 50'000 \cdot 10^{-4} \text{ m} = 5 \text{ m}$$

$$s_{(total)} = 11 \text{ m}$$

Diese Vergrösserung des Diffusionswiderstandes würde selbst unter Annahme eines linearen Zeitgesetzes die Lebenserwartung bis gegen 75 Jahre steigern.
Diese Berechnung wurde einem Prospekt über ein Beschichtungsprodukt entnommen. Rein rechnerisch könnte die Lebenserwartung also um mehr als 30 Jahre verlängert werden. Es ist aber anzumerken, dass
- die Beschichtung lückenlos sein muss,
- die Beschichtung (aus Kunststoff) eine gute Beständigkeit über diesen Zeitraum aufweisen und obiges Gesetz auch für die Beschichtung gelten müsste.

Beispiel 3: Ökobilanz

Massenerhaltung
Stoffe können weder aus dem «Nichts» entstehen noch vernichtet werden. Sie können sich nur in andere Stoffe umwandeln.

Folgerung: Bei der Entsorgung soll keine Problemverlagerung erfolgen. Recycling ist besser als Entsorgung. Bei der Entsorgung gilt «Back to Origin».

Beispiel: PVC gibt beim Verbrennen in der Kehrichtverbrennungsanlage Salzsäure HCl ab. Im Falle einer Abgasreinigung durch Auswaschen mit Wasser wird das Problem ins Wasser verlagert. PVC ist aus Erdöl und Steinsalz NaCl hergestellt worden. Seine Deponierung im Boden (Lithosphäre) entspräche dem Grundsatz «Zurück zum Ursprung». PVC kann als sogenanntes Thermoplast aber auch rezykliert werden.

Entropiesatz
Die Entropie ist ein Mass für die Unordnung. Gemäss dem 2. Hauptsatz der Thermodynamik nimmt die Entropie bei jedem Vorgang (gesamthaft betrachtet) zu. Ins Wasser oder in die Atmosphäre gebrachte Stoffe breiten sich von selbst aus. Beim «Einsammeln» entsteht an einem anderen Ort wieder unerwünschte Entropie.

Folgerung: «Dilution is no Solution to Pollution». Abfälle nicht mischen und «verdünnen» (betr. Bauschutt: Anhang 3.5.4).

Toxizität (Giftigkeit)

Humantoxizität:
Paracelsus sagte: «Alle Dinge sind Gift, nichts ist ohne Gift, allein die Dosis bewirkt, dass ein Ding kein Gift ist.»

Ökotoxizität:
Biologisch schwer abbaubare Stoffe haben eine hohe Verweilzeit in der Umwelt. Wenn sie gleichzeitig fettlöslich sind, erfolgt eine unerwünschte Anreicherung in der Nahrungskette.
Gewisse Stoffe (z.B. FCKW) greifen in natürliche Kreisläufe ein (z.B. schützende Ozonschicht in der Stratosphäre) oder bewirken unerwünschte neue Probleme (z.B. Smog, u.a. O_3 in bodennahen Luftschichten).

Folgerung: Z.B. Chlorierte Stoffe wie PVC oder chlorierte Lösungsmittel ersetzen.
Thermische Isolierstoffe mit Fluor-Chlor-Kohlenwasserstoffen FCKW (*) (und deren Ersatzstoffe H-FCKW und HFC) ersetzen.

(*) Die Schweiz. Stoffverordnung [3] untersagt ab 1.1.92 die Herstellung und Einfuhr von Produkten, welche mit ozonschichtabbauenden Stoffen hergestellt werden. Darunter fallen die FCKW. Ausgenommen sind teilhalogenierte Stoffe, im Volksmund auch Soft-FCKW genannt (H-FCKW und HFC, wobei H = Wasserstoff).

Ökobilanz von Baustoffen
Bei der Erstellung einer Ökobilanz sind folgende Aspekte zu beachten:
- Stoffverbrauch,
- Energieverbrauch,
- Immissionen bzw. Emissionen und
- Bilanzgrenze.

Grundsätzlich müsste der ganze Lebensweg des Produktes verfolgt werden:
Rohstoffgewinnung → Produktion → Transport → Einbau → Entsorgung.

Die *SIA-Dokumentation D 093* [28] erlaubt noch keine gesamtheitliche Beurteilung der Produkte über deren ganzen Lebenszyklus.
Im Bauwesen sind noch keine standardisierten Methoden für einheitliche Ökobilanzen vorhanden.

Für die Gewichtung der Teilaspekte einer Ökobilanz erweist sich die folgende Abstufung als nützlich:
Dauerhaftigkeit → Rezyklierbarkeit → Entsorgungsmöglichkeit.

2. Baustoffe

2.1 Einleitung

Folgerung: Insbesondere Dauerhaftigkeit und Entsorgung stark gewichten. Z.B. Materialien möglichst nicht eng verbinden.

Jahre	Produkte, Bauteile
< 2	(Glühbirne)
3 bis 6	Kittfuge
7 bis 12	(Anstrich, Kühlschrank, Wellblech)
33 bis 50	(Boiler, Herd, Storen)
26 bis 50	(Fenster, Markise, Rolladen)
> 50	(Mauerwerk, Träger)

Abschreibungszeiten-Tabelle (in Jahren) des Amtes für Bundesbauten

2.2 Stoffe und Umwelt

2.2.1 Stoffkreisläufe

Abfallproblematik

Wir erzeugen in der Schweiz jährlich etwa 10 Millionen Tonnen Abfälle.

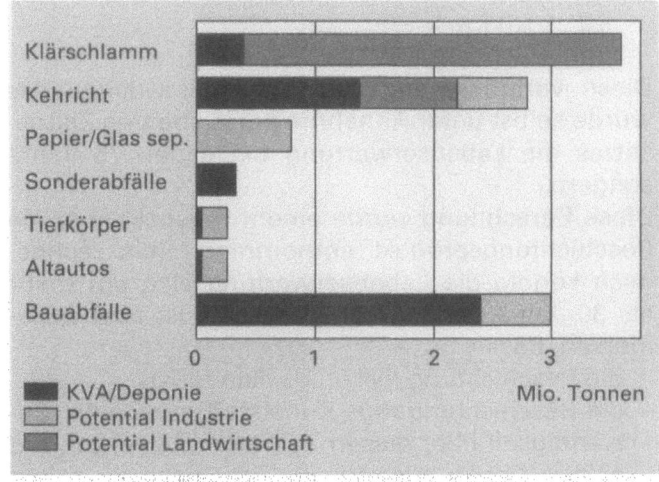

Abfallmengen in der Schweiz (1988) pro Jahr [54]

An der Abfallmenge sind die Bauabfälle (Anhang 3.5.4) mit etwa $1/3$ beteiligt. Der Klärschlamm macht ebenfalls etwa $1/3$ aus. Er fällt in der Abwasserreinigungsanlage (ARA) an. In dieser werden die organischen Wasserinhaltsstoffe im Belüftungsbecken mit Hilfe von Bakterien und Luftsauerstoff (aerobe Bedingungen) abgebaut. Es entstehen:
- 50 % CO_2 und
- 50 % bakterielle Biomasse (Klärschlamm).

Ein Teil der Biomasse kann im Faulturm unter Luftausschluss (anaerobe Bedingungen) in Methan CH_4 (Vorsicht: Treibhausgas, Abschnitt 2.2.2) umgewandelt werden. Leider landet ein immer grösserer Anteil des Klärschlammes in der Kehrichtverbrennungsanstalt (KVA). Der Klärschlamm wäre ein guter Dünger für die Landwirtschaft. Er kann unerwünschte, nicht abgebaute organische Stoffe und anorganische Stoffe wie Schwermetalle enthalten. In der KVA entsteht aus dem Klärschlamm CO_2.

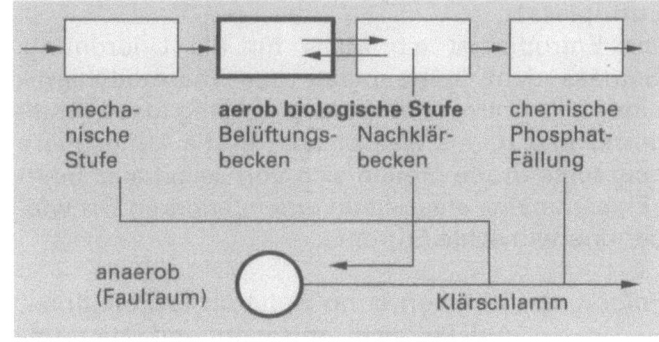

Aufbau einer Abwasser-Reinigungs-Anlage ARA

2.2 Stoffe und Umwelt

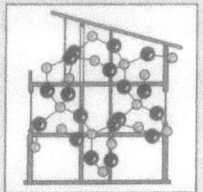

Organismen

Obwohl Lebewesen die Erde seit Millionen von Jahren bewohnen, gibt es erst seit kurzer Zeit Probleme mit der Abfallentsorgung. In der langen Entwicklungsgeschichte unseres Planeten ist in der Natur ein komplexes, eng vernetztes System entstanden von
- *Produzenten* (Pflanzen, Algen),
- *Konsumenten* (Mensch, Tiere) und
- *Destruenten* (Mikropilze, Bakterien).

Dabei sind alle Lebewesen voneinander abhängig. Die Abfälle der einen dienen den andern als Lebensgrundlage. Alle Stoffe bewegen sich in einem Kreislauf.

Rolle der Produzenten

Die Erdatmosphäre enthielt ursprünglich kein O_2. Der Luftsauerstoff wurde erst nach der Entstehung des Lebens durch die Photosynthese der Algen gebildet. Dabei erfolgte gleichzeitig eine Reduktion des hohen CO_2-Gehaltes:

$$6\ CO_2 + 6\ H_2O \longrightarrow C_6H_{12}O_6 + 6\ O_2$$
Sonnenenergie   Traubenzucker

Die Entstehung des Sauerstoffes ermöglichte die Bildung der Ozonschicht in der Stratosphäre:

$$3\ O_2 \xrightarrow{\text{UV-Strahlung}} 2\ O_3$$

Das Ozon absorbiert die für Lebewesen und Materialien zerstörend wirkende UV-Strahlung der Sonne. Es ermöglichte die Entstehung von Lebewesen, die ausserhalb des Wassers existieren können.

Rolle der Konsumenten

Konsumenten können die organische Substanz nicht mehr aus CO_2 herstellen. Sie müssen den Kohlenstoff als organische Substanz aufnehmen. Ihre Lebensenergie gewinnen sie aus der Verbrennung, wobei O_2 verbraucht wird:

$$C_6H_{12}O_6 + 6\ O_2 \longrightarrow 6\ CO_2 + 6\ H_2O + \text{Energie}$$

Durch den Verbrauch der fossilen, nicht erneuerbaren Brennstoffe Kohle und Erdöl ist der Kohlendioxidgehalt der Atmosphäre in den letzten 100 Jahren stark gestiegen (siehe Diagramm oben rechts).

Rolle der Destruenten

Die Mikroorganismen als wichtigste Destruenten überführen die organische Substanz wieder in anorganische Substanz (Mineralisation).

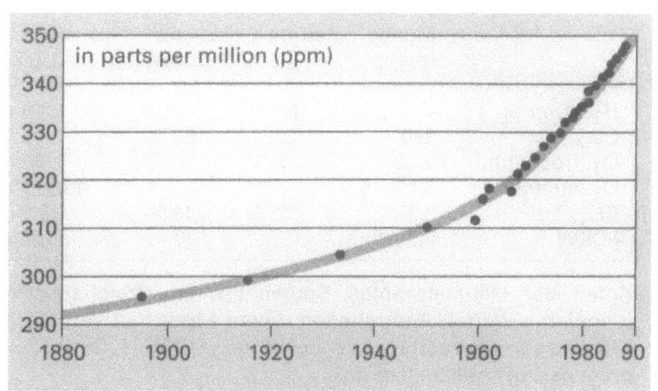

CO_2-Gehalt der Atmosphäre seit Beginn des industriellen Zeitalters

2.2.2 Umweltprobleme in den drei Sphären: Atmosphäre, Biosphäre, Lithosphäre

Probleme in der Atmosphäre

Treibhauseffekt
Der Wellenlängenbereich der elektromagnetischen Strahlung anschliessend an das sichtbare Licht (VIS) heisst Infrarot (IR). Viele Moleküle (z.B. H_2O) absorbieren mehr oder weniger infrarotes Licht. Dabei werden Schwingungen zwischen den Atomen angeregt.

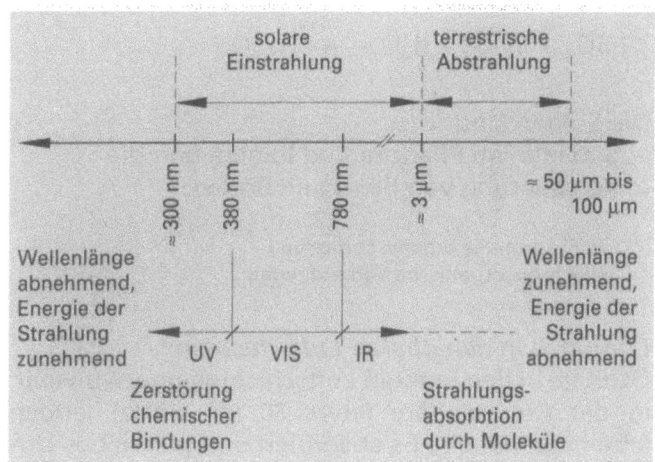

Bezeichnung der elektromagnetischen Strahlung

Die *solare Einstrahlung* liegt vorwiegend im UV/VIS-Bereich. Dagegen ist die Rückstrahlung der Erde (*terrestrische Abstrahlung*) energieärmer und liegt im IR-Bereich.
Eine Zunahme von IR-absorbierenden Molekülen wie H_2O, CO_2, Kohlenwasserstoffen (aus Treibstoffen und Lösungsmitteln) usw. führt zum *Treibhauseffekt*. Eine wichtige Rolle spielen Menge und mittlere Verweilzeit in der Atmosphäre [4]:

2. Baustoffe

2.2 Stoffe und Umwelt

	Menge [ppm]	natürlich	anthropogen	Verweilzeit
H_2O-Dampf	–	63 %	–	10 d
CO_2	350	22 %	50 %	10 a
O_3 (troposph.)	0,03	7 %	8 %	50 d
O_3 (stratosph.)	5 bis 15	*	*	1 bis 2 a
CH_4	1,7	2 %	19 %	5 a
FCKW	$0,3 \cdot 10^{-3}$	–	17 %	100 a

Anteil der klimarelevanten Spurengase am Treibhauseffekt (ungefähre Werte). Anthropogen = vom Menschen verursacht, * Abbau als Folge anthropogener NO_x und FCKW, d: Tag, a: Jahr, ppm: part per million (cm^3/m^3).

Sommersmog in den unteren Luftschichten (Troposphäre)
Unter Einwirkung des Sonnenlichts spielen sich im Sommer komplexe chemische Reaktionen zwischen den Luftfremdstoffen ab:
- Wenn viel NO_x vorhanden ist (entsteht in Verbrennungsmotoren aus Luft-O_2 und -N_2), bildet sich Ozon, das in der Troposphäre unerwünscht ist. Dazu werden oxidierbare Luftfremdstoffe wie Treibstoffe, Lösungsmittel (sogenannte VOC (*)) benötigt.
- Bildung von Nichtmetalloxiden, die mit Wasser den sauren Regen bilden (auch im Winter):

$$NO_x + H_2O \longrightarrow HNO_3$$
$$SO_2 + \tfrac{1}{2} O_2 + H_2O \longrightarrow H_2SO_4$$

Die Folgen sind
- Schäden an Pflanzen und Bauten und die
- Versäuerung von Seen und Böden.

(*) VOC = volatile organic compound (flüchtige organische Verbindungen).

Ozonloch in den oberen Luftschichten
Ozon ist in den unteren Luftschichten unerwünscht, in der Stratosphäre (etwa 30 km Höhe) jedoch lebensnotwendig. Es absorbiert energiereiches UV-Licht.
Fluorkohlenwasserstoffe (FCKW), die in die oberen Luftschichten diffundieren, zerstören in einer katalytischen Wirkung das Ozon. Da sie dabei nicht verändert werden, wirken geringe Mengen verheerend.
Ersatzstoffe (H-FCKW) haben zusätzlich eine in der Troposphäre zerstörbare C-H-Bindung.

Probleme in der Biosphäre

Chemischer Abbau
Viele Stoffe werden in der Troposphäre relativ schnell ab- und umgebaut und wirken damit nicht umwelttoxisch. So hat das für den Menschen stark toxische Kohlenmonoxid CO eine kurze Verweilzeit. Es wird zu CO_2 oxidiert. Damit ist CO kein Umweltproblem.

Biologischer Abbau
Anorganische und organische Stoffe können aerob (mit Sauerstoff) oder anaerob (ohne Sauerstoff) mit Hilfe von Bakterien in umweltkonformere Stoffe umgewandelt werden:
Abbaubare, organische Stoffe (d.h. Kohlenstoffverbindungen) werden in Kohlendioxid und Wasser zerlegt. Dies wird als Mineralisation bezeichnet.

Probleme in der Lithosphäre

Deponie (Anhang 3.5.4)
Die Inkraftsetzung der Technischen Verordnung über Abfälle (TVA) [31] vom 10. 12. 90 ergibt für die Bauabfall-Bewirtschaftung neue Gesichtspunkte.
Bei Bau- und Abbrucharbeiten muss möglichst auf den Baustelle getrennt werden:
- Sonderabfälle,
- unverschmutztes Aushub- und Abraummaterial,
- Abfälle und
- inerte Bauabfälle (inert = chemisch nicht reagierend und nicht wasserlöslich).

Deponiearten
- *Inertdeponien* (kostengünstig) für Stoffe, die sich gegenüber der Umwelt stabil verhalten (z.B. Backsteinmauerwerk).
- *Reaktordeponien* (kostenintensiv mit Grundwasserschutz) für Baustoffe mit
  - wasserlöslichen Bestandteilen oder
  - organischen Komponenten, die einer mikrobiologischen Umwandlung unterliegen (z.B. mit Bitumen beschichtete Baustoffe).

2.2.3 Ökologische Beurteilungskriterien

Deklarationsraster nach SIA D093 [28]
Dieser Raster dient zur Beurteilung ökologischer Kriterien bei der Materialwahl.

a) Problematische Bestandteile
Bauprodukte enthalten zum Teil problematische Bestandteile, die bei
- der Verarbeitung,
- während der Nutzung oder
- der späteren Entsorgung

die Menschen oder die Umwelt beeinträchtigen können. Baufachleute können bei der Materialwahl zur Verminderung dieser Belastung beitragen. Voraussetzung dafür sind jedoch eine verbesserte

2.2 Stoffe und Umwelt

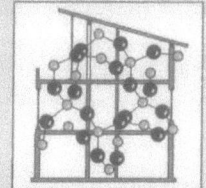

Produkteinformation und ein vertieftes Wissen über Problemstoffe.

b) Charakterisierung der Gefahren
Zur Charakterisierung der Gefahren werden folgende Merkmale benutzt:
- **Giftklasse**, sie ist jedoch oft wenig aussagekräftig, da sie durch orale Aufnahme (durch den Mund) bestimmt wurde.
- **MAK-Werte** [29] maximale Arbeitsplatzkonzentration als arbeitshygienische Grenzwerte.
- **R-Sätze** nach EG-Recht (Anhang 3.5.3). Standardisierte Bezeichnungen für besondere Gefahren für Mensch und Umwelt, z.B.:
  R20: Gesundheitsschädlich beim Einatmen,
  R51: Giftig für Wasserorganismen.
- **Luftreinhaltebestimmungen** LRV [30] für Baustoffe mit Lösungsmittelemissionen.
- **Ozonabbauwerte**.
- **Relatives Treibhauspotential** (verglichen mit CO_2).

c) Einteilung der Baustoffe
Die Baustoffe werden im Raster wie folgt eingeteilt (in Klammer die Einteilung gemäss diesem Band):
- Nach (nicht immer vorhandener) chemischer Verwandschaft:
  - Beton, Mauersteine und andere Massivbausteine (Mineralische Baustoffe MB)
  - Mörtel, mineralisch gebundene Putze (MB) und Kunststoffputze (Hochmolekulare, organische Baustoffe HB)
  - Glas (MB, aber Plexiglas wäre ein HB)
  - Oberflächenbehandelte Metallbaustoffe (HB auf metallischen Baustoffen).
- Nach ähnlicher Funktion:
  - Klebstoffe
  - Fugendichtungen und Kitte
  - Dichtungsbahnen und Schutzfolien
  - Wärmedämmstoffe
  - Tapeten
  - Elastische und textile Bodenbeläge.

Beispielsweise werden bei Mörteln, mineralisch gebundenen Putzen und Kunststoffputzen im Deklarationsraster Angaben zu folgenden Punkten gemacht:

Klassierung
- Mauermörtel nach SIA 177
- Putzmörtel nach SIA 242/1
- Bindemittel nach SIA 215.

Herstellung
- Ökologisch relevante Zuschläge, Zusatzstoffe und Zusatzmittel: Pigmente (= Farbträger), Kunststoffe, Lösungsmittel, Biozide (= Gifte für unerwünschte Lebewesen) usw.
- Anteil und Art des Bindemittels.

Verarbeitung
- Anteil flüchtiger, organischer Verbindungen: Härter, Treibmittel, Lösungsmittel usw.
- Anteil Sensibilisatoren in unverarbeiteten Ausgangsmaterialien.

Nutzung
- Ökologisch und toxikologisch relevante Bestandteile.

Entsorgung
- Deponierbarkeit
- Entsorgung der Gebinde und Verarbeitungsrestmassen.

Ökologische Merkmale	Angaben durch den Hersteller
Herstellung	
– Nachwachsende Rohstoffe	Massen-%, Bezeichnung
– Recyclate	Massen-%, Bezeichnung
– Beschichtungen, Bindemittel, Kaschierungen, Trägermaterial	Massen-%, chemische Bezeichnung
Verarbeitung	
– Kohlenwasserstoffemissionen	Masse pro Bezugsgrösse, LRV-Klasse
– Arbeitshygienisch besonders auffällige Substanzen	Masse pro Bezugsgrösse, Eigenschaften je nach Wirkungstyp
Nutzung	
– Ökologisch relevante Bestandteile (Kriterien: Kennzeichnungspflicht gemäss Schweiz. Giftgesetz bzw. Gefahrenkennzeichnung EU)	Massen-%, Giftklasse, R-Sätze
Entsorgung	
– Wiederverwertbarkeit	ja/nein, oder geplant gemäss genau definierten Kriterien
– Unschädliche Vernichtbarkeit (Verbrennung)	Höchstwerte für Halogene und Schwermetalle sind über- oder unterschritten
– Deponierbarkeit als Inertstoff	ja/nein gemäss TVA

Übersicht über Inhalt des Deklarationsrasters

Für einen sinnvollen Gebrauch der Deklarationsraster ergeben sich folgende Bedürfnisse:
- Materialtechnologisches Wissen und
- Kenntnisse aus Toxikologie und Ökologie.

Vorsicht: Eine abschliessende Beurteilung kann nur mit einer Volldeklaration gemacht werden. Gemäss der schweizerischen Stoffverordnung (Anhang 3.5.1) besteht ein Anspruch für eine vollständige Deklaration.

2. Baustoffe

2.2 Stoffe und Umwelt

2.2.4 Ökobilanz (Life Cycle)

Beurteilung der Umweltverträglichkeit

Die Ökobilanz hat in letzter Zeit den Status eines verbindlichen Massstabs zur Beurteilung der Umweltverträglichkeit erlangt. Weil aber die Bilanzierungsgrenzen subjektiv gezogen werden, lässt sich mit einer nicht standardisierten Ökobilanz jedes gewünschte Resultat erzielen.

Unter Ökobilanz versteht man die Analyse des vollständigen Lebensweges eines Produktes bezüglich Stoffen und Energie.

Insbesondere müssen die stofflichen Ströme vollständig und quantitativ erfasst werden.
Ein besonderes Augenmerk gilt den für die einzelnen Teilschritte aufgewendeten Energiebeträgen.
Wichtig ist auch das Erfassen aller an die Umwelt abgegebenen Stoffe, der sogenannten Emissionen.

Ökobilanzierung in der Schweiz

Das Bundesamt für Umwelt, Wald und Landschaft (BUWAL) unternimmt grosse Anstrengungen, die Ökobilanz als Instrument für die ökologische Beurteilung wirtschaftlicher Aktivitäten zu etablieren.

Die Ökobilanz beinhaltet in ihrem
- *objektiven Teil* eine Auflistung der Auswirkungen von durch Menschen verursachten Prozessen auf die Umwelt. Auf naturwissenschaftlicher Basis werden Energie- und Stoffflüsse gemessen.
- Der *subjektive Teil* versucht die Umwelteinwirkungen zu bewerten und eine einheitliche Vergleichsbasis zu schaffen.

Mit der BUWAL-Methode wird ein dimensionsloser, allgemein anwendbarer Massstab für die *ökologische Knappheit* eingeführt, der sich an den geltenden Umweltgesetzen (Anhang 3.5.1) orientiert. Er wird in Umweltbelastungspunkten UBP angegeben.

Mindestanforderungen

Ökobilanzen sollten:
- vollständig,
- transparent,
- nachvollziehbar und
- nach einheitlichen Kriterien erstellt sein.

Vollständig heisst, dass alle umweltrelevanten Parameter berücksichtigt wurden. Transparenz wird geschaffen, wenn die Art und Weise der Datenerhebung und die Wahl der Parameter angegeben wird. Von grosser Bedeutung ist die Gewichtung der einzelnen Aspekte.

Standardmodell

Nach dem sich international abzeichnenden Konsens umfasst ein Standardmodell einer Ökobilanz vier Schritte
1. Zieldefinition (Goal definition),
2. Sachbilanz (Inventory),
3. Wirkungsanalyse (Impact assessment) und
4. Bewertung (Evaluation).

Die Zieldefinition erfordert die Bekanntgabe der Systemgrenzen, des Bilanzgebietes und der untersuchten Parameter.
Das Schwergewicht der Forschung liegt auf der Sachbilanz. Hier interessieren die Emissionen, die bei Herstellung, Transport, Gebrauch und Entsorgung anfallen.
Die Bewertung ist nicht voll objektivierbar. So besteht heute vielerorts das Vorurteil, Chemie, Kunststoffe usw. seien grundsätzlich schlecht. Objektive Faktoren, die in speziellen Fällen zu gegenteiligen Schlüssen führen, werden oft nur mit Vorbehalt akzeptiert.

Zielsetzung

Ökobilanzen bilden eine Basis für *umweltpolitische Entscheidungen*, sie können aber die Entscheidungen nicht vorwegnehmen. Sie liefern der Wirtschaft eine *Schwachstellenanalyse*, die zur Verbesserung der Verfahren und Produkte führen soll. In der Form von *Sensitivitätsanalysen* bieten sie die Möglichkeit, Szenarien zu simulieren, um die Auswirkungen einer zu treffenden Massnahme abzuschätzen.

Konventionelle wirtschaftliche Bilanzen sind ökologisch blind, weil der Verbrauch, die Beeinträchtigung oder die Inanspruchnahme von Umweltgütern (Luft, Boden, Wasser, Energie, Lebewesen) durch die wirtschaftliche Aktivität nicht angemessen berücksichtigt wird. Die Ökobilanz soll diesen Umstand korrigieren.

2.3 Wasser

2.3.1 Regen als Säure und Base

Wasser im Bauwesen
Wichtigste Grössen zur Charakterisierung der Wasserqualität im Bauwesen sind
- der pH-Wert,
- die Wasserhärte und
- der Sauerstoffgehalt.

Unerwünschte Eigenschaften hat ein Wasser z.B. bedingt durch seinen Ursprung, die Art der Aufbereitung oder durch die Mischung mit anderen Wässern.

Regenwasser als Säure
Das Regenwasser löst zunehmend Nichtmetalloxide aus der verunreinigten Luft, wie CO_2, NO_x und SO_2. Diese liegen im Wasser als H_2CO_3, HNO_3 und H_2SO_4, d.h. als Säuren, vor.

Säuren wirken lösend auf:
- alle Metalle und
- auf Kalksandstein, Mörtel und Beton.

In Säuren stabil sind Glas, Keramik und Kunststoffe.

Die Stärke einer Säure wird durch den pH-Wert (Abschnitt 1.6.4) angegeben. Die logarithmische pH-Skala geht von 0 bis 14, wobei z.B. pH 0 bis 6,9 sauer bedeutet.

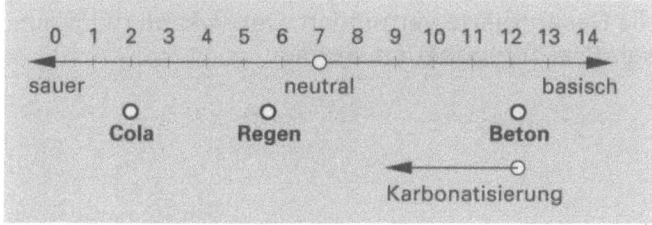

Skala des pH-Wertes

Basen
Wässer mit pH grösser als 7 sind basisch oder alkalisch. Sie entstehen, wenn Wasser in Kontakt mit Weisskalk, Hydraulischem Kalk, Mörteln oder Beton war. Auch viele Reinigungsmittel sind basisch.
Diese Stoffe geben OH^--Ionen an das Wasser ab, die den Gehalt an H^+-Ionen gemäss folgendem Naturgesetz vermindern:

$$[H^+] \cdot [OH^-] = 10^{-14} \; (mol/l)^2$$

Basische Wässer wirken lösend auf:
- Aluminium, Zink und
- nichtverseifungsbeständige Kunststoffe.
- Glas wird beaufschlagt und muss mit verdünnter Fluss-Säure gereinigt werden.

In Basen stabil sind Stahl, Keramik und mineralische Baustoffe.

Metallkorrosion in Abhängigkeit vom pH-Wert
Die folgende Darstellung zeigt den Zusammenhang zwischen dem Ausmass des Flächenabtrages bei den drei wichtigsten Baumetallen und dem pH-Wert. Durch den sauren Regen (pH < 6) wird nur Zink zunehmend korrodiert.

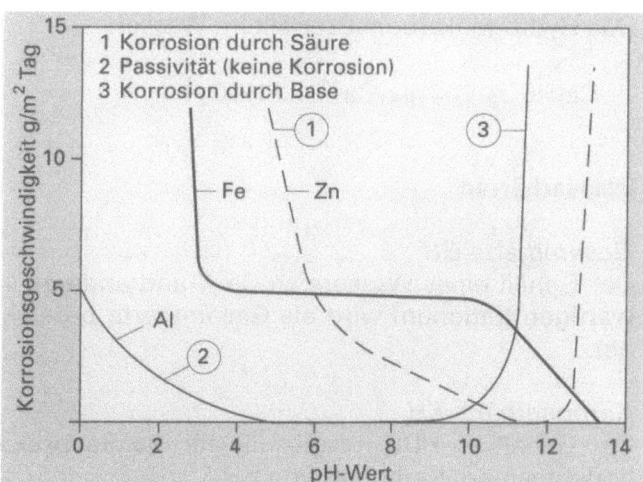

Korrosionsgeschwindigkeit in Abhängigkeit des pH-Wertes für verschiedene Metalle

	Base	ständige Nässe	Chloride	Bewitterung
Kupfer	p	+	–	+
Aluminium-Werkstoffe	–	+	–	+
Verzinkter Stahl	–	– 3)	–	p
Reinzink	–	– 3)	–	p
Kupfer-Titan-Zink	–	– 3)	–	p
Chromnickelstahl	+	+ 1)2)	p	+
Blei	–	+	–	+
Wetterfester Baustahl	+	–	–	+

+ beständig
p bedingt beständig
– unbeständig

1) Hartgelötete Verbindungen werden von Humusschichten angegriffen
2) Vorsicht vor Spaltkorrosion, keine Punktschweissungen oder Blechüberlappungen
3) In Gegenwart von Kohlensäure schützende Deckschichten

Übersicht über die Beständigkeit der Baumetalle gegenüber den wichtigsten Umweltbedingungen (Beständigkeits-Tabelle, extreme Aussagen). Man vergleiche die Spenglertabelle (Anh. 3.6.4). Gegenüberstellung des Angebotes an Baumetallen und verschiedener Anforderungsprofile. Unter Bewitterung versteht man die übliche Umwelteinwirkung.

2. Baustoffe

2.3 Wasser

2.3.2 Wasserhärte

Auflösung von Kalk
Kohlensäurehaltiges Wasser löst aus kalkhaltigen Baustoffen oder aus dem Boden den schwerlöslichen Kalk $CaCO_3$ und überführt ihn in besser lösliches Ca-Hydrogenkarbonat $Ca(HCO_3)_2$:

$$CaCO_3 + H_2CO_3 \longrightarrow Ca(HCO_3)_2$$

Das Hydrogenkarbonat zerfällt im Wasser:

$$Ca(HCO_3)_2 \longrightarrow Ca^{++} + 2\ HCO_3^-$$

Wasserhärten

Gesamthärte GH
Der Gehalt eines Wassers an Ca^{++} (und anderen 2-wertigen Kationen) wird als Gesamthärte bezeichnet.

Karbonathärte KH
Der Gehalt an HCO_3^- ergibt die für die Baupraxis bedeutsamere Karbonathärte KH.

Nichtkarbonathärte NKH
Weitere im Wasser vorhandene Anionen (meist Verschmutzungsindikatoren) wie Cl^- (Chlorid).

Es gilt: **GH = KH + NKH**

Für die *Gesamthärte* in französischen Härtegraden °fH gilt folgende Beurteilung:

Gesamthärte in mmol/l	Gesamthärte in franz. Härtegraden	Bezeichnung
0 bis 0,7	0 bis 7	sehr weich
0,7 bis 1,5	7 bis 15	weich
1,5 bis 2,5	15 bis 25	mittelhart
2,5 bis 3,2	25 bis 32	ziemlich hart
3,2 bis 4,2	32 bis 42	hart
über 4,2	über 42	sehr hart

1° fH entspricht 0,56° deutscher Härte (dH) bzw. 4 mg Ca bzw. 0,1 mmol Ca

Französische Härtegrade

Angaben über die Karbonathärte:
In natürlichen Wässern entsprach früher oft die Gesamthärte der Karbonathärte: GH = KH.
Dies gilt heute für viele Grundwässer und aufbereitetes Seewasser nicht mehr.

Durch folgende Umstände gelangen zunehmend weitere Ionen ins Wasser:
- Streusalzeinsatz im Winter: Chlorid
- Düngung: Nitrat, Phosphat
- natürlicher Ursprung: Sulfat.

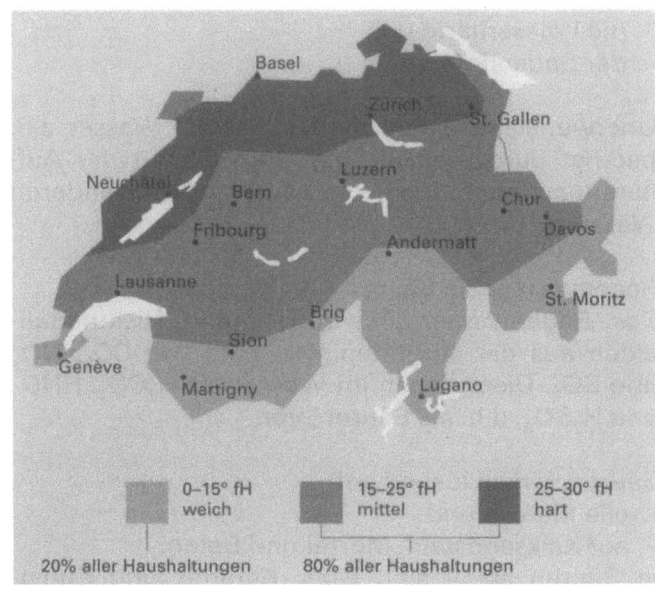

Gesamthärten in der Schweiz in franz. Härtegraden °fH

Wasserenthärtung
Bei der Wasserenthärtung mittels Ionentauscher werden Na^+-Ionen des Ionentauschers (IA) gegen Ca^{++}-Ionen des Wassers ausgetauscht. Damit wird die Gesamthärte vermindert. Der IA kann mit Kochsalz (NaCl) regeneriert werden.

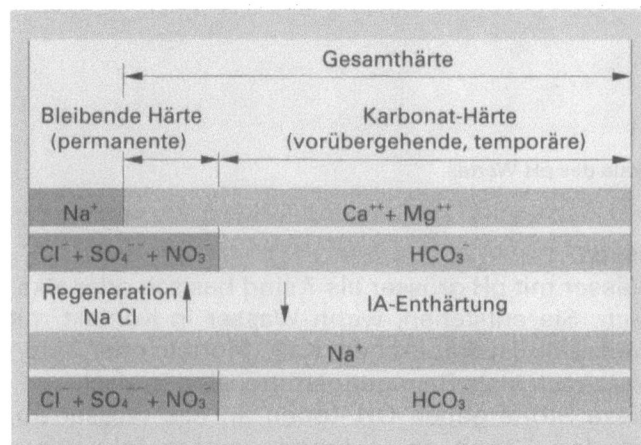

Wasserenthärtung mittels Ionentauscher

Bei der Wasserenthärtung mittels sogenannter elektrophysikalischer Methoden wird die Wasserqualität nicht beeinflusst. Diese Geräte sollen bewirken, dass der Kalk in feiner Form ausfällt und mitgeschwemmt wird. Ihre Wirkung ist wissenschaftlich noch nicht geklärt.

2.3.3 Kalk-Kohlensäure-Gleichgewicht

Auflösung und Abscheidung von Kalk
In der Baupraxis unterscheidet man zwischen
- *kalklösenden* Wässern, die sich meist auch metallaggressiv verhalten und
- *kalkabscheidenden* Wässern, die speziell im Warmwasserbereich Kalk ablagern.

Die Gleichung für die Auflösung und Abscheidung von Kalk, das Kalk-Kohlensäure-Gleichgewicht, lautet:

$$CaCO_3 + H_2O + CO_2 \rightleftharpoons Ca(HCO_3)_2$$

Für die Kalkauflösung muss die Gleichung von links nach rechts und für die Kalkabscheidung von rechts nach links gelesen werden.

Aus dem Massenwirkungsgesetz folgt das *Prinzip von Le Chatelier*: Wird auf ein Gleichgewicht ein Zwang ausgeübt, so verschiebt es sich derart, dass es dem Zwang ausweicht. Beispiele:
- Ein Wasser mit überschüssiger Kohlensäure (und entsprechend tiefem pH-Wert) wirkt kalklösend. Durch die chemische Reaktion der Kohlensäure mit dem Kalk wird dem Zwang (Überschuss) ausgewichen.
- In einem Wasser mit zuwenig Kohlensäure (und entsprechend hohem pH-Wert) verschiebt sich das Gleichgewicht nach links, um dem Zwang (Mangel) auszuweichen.

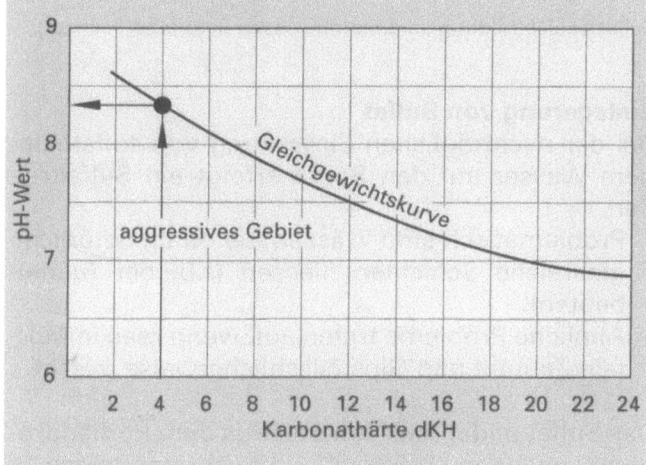

Graphische Darstellung des Kalk-Kohlensäure-Gleichgewichtes. Wässer unterhalb der Kurve sind kalklösend, solche oberhalb kalkabscheidend. Ablesebeispiel: ein Wasser mit z.B. 4° dKH ist bei pH 8,4 im Gleichgewicht.

Weitere Beispiele:
- Beim Erwärmen entweicht die Kohlensäure gasförmig, und der pH-Wert steigt: Kalkablagerung.
- Regenwasser mit pH-Wert 6 ist immer kalklösend.
- Wässer, die aus mineralischen Baustoffen Kalk und Base lösen, ergeben Kalkablagerungen, z.B. in Flachdach-Abläufen und Drainagen.

Kalk-Rost-Schutzschicht
Wasser hat mit zunehmender Temperatur einen von der Natur festgelegten *abnehmenden Sauerstoffgehalt* (Gesetz von Henry). Ein Wasser mit z.B. 15 °C kann 10 mg O_2 pro Liter lösen. Wenn dieser Wert im Wasser vorliegt, spricht man von 100 % Sättigung.

Durch Korrosionsvorgänge in Leitungen kann der Sauerstoff verbraucht werden. Damit liegt weniger als 100 % Sättigung vor.

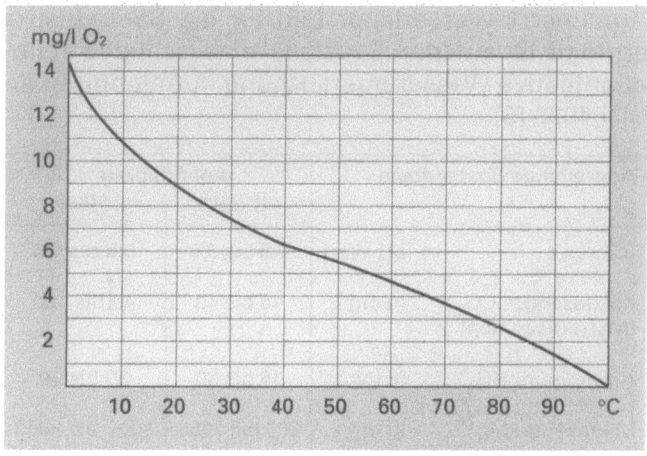

Sollwert Sauerstoffgehalt in Wasser [mg/l O_2] in Funktion der Wassertemperatur

Wasser
- im Kalk-Kohlensäure-Gleichgewicht und mit
- mehr als 60 % Sauerstoffsättigung

bildet eine korrosionsschützende Kalk-Rost-Schutzschicht. Diese Schicht ist sehr dünn und muss sich dauernd neu bilden.

In kaltem Wasser wird Sauerstoff durch Korrosionsvorgänge verbraucht. Bei längerem Nichtgebrauch (Ferien) fliesst zuerst rosthaltiges Wasser, da unterhalb 60 % Sättigung keine schützende Kalk-Rost-Schutzschicht gebildet wird.

Erwärmtes Wasser kann keine Schutzschicht bilden, da der Kalk durch die Erwärmung abgeschieden wurde. Geringste Mengen an Sauerstoff bewirken bei stetigem Nachschub, z.B. in Heizungskreisläufen, eine starke Korrosion.

2.3 Wasser

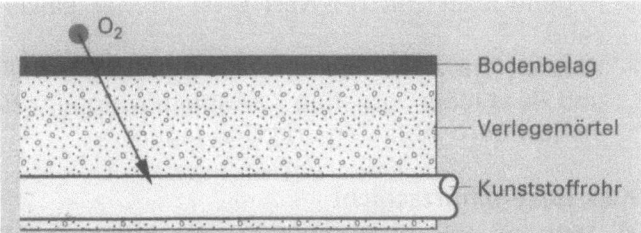

Beim Einsatz von Bodenheizungsrohren aus Kunststoff wurde früher der Diffusionsdichtigkeit keine Beachtung geschenkt. Der Luftsauerstoff diffundierte in das zirkulierende Wasser und zerstörte im Wärmetauscherteil die Metalle.

2.3.4 Beurteilung betonaggressiver Wässer

Wasserlabor für die Bauindustrie
Das im Handel erhältliche, einfach handzuhabende Aquamerck-Wasserlabor [55] für die Bauindustrie ermöglicht auf der Baustelle eine schnelle halbquantitative Wasseruntersuchung in Anlehnung an DIN 4030 [5].

Angreifende Bestandteile		Angriffsgrad	
		schwach	stark
Säuren	pH-Wert	6,5 bis 5,5	5,5 bis 4,5
Kalklösendes CO_2 (Marmorversuch)	in mg/l	15 bis 40	40 bis 100
Ammonium NH_4^+	in mg/l	15 bis 30	30 bis 60
Magnesium Mg^{2+}	in mg/l	300 bis 1000	1000 bis 3000
Sulfat SO_4^{2-}	in mg/l	200 bis 600	600 bis 3000

Grenzkonzentrationen für den Angriffsgrad nach DIN 4030 [5]. Zur Beurteilung dient das jeweils grösste Angriffsvermögen, auch wenn es nur von einem Wert erreicht wird. Liegen zwei oder mehr Werte im jeweils oberen Bereich (beim pH-Wert im unteren Bereich), so ist der Angriffsgrad um eine Stufe zu erhöhen. Bei Sulfatgehalten > 400 mg/l ist die Verwendung eines Zementes mit hohem Sulfatwiderstand erforderlich.
In den Empfehlungen für die Ableitung von Abwässern aus Kondensationsheizungen (Brennwertkesseln) wird ein schwallweises Ableiten der aggressiven Wässer mit Nachspülen zugelassen [25].

Abhängigkeit der Kalkauslaugung in Funktion der Beton-Porosität
Für die Beurteilung der Betonbeständigkeit spielt nicht nur die Wasserqualität eine Rolle. Von ebenso grosser Bedeutung ist die Betonqualität.
- Ein weiches und damit kalklösendes Wasser vermag nur einen porösen Beton zu zerstören.
- Bei einem dichten Beton hört die Kalkauslaugung mit der Zeit auf, indem die wenigen Poren verstopfen. Man spricht vom Verheilen des Betons.

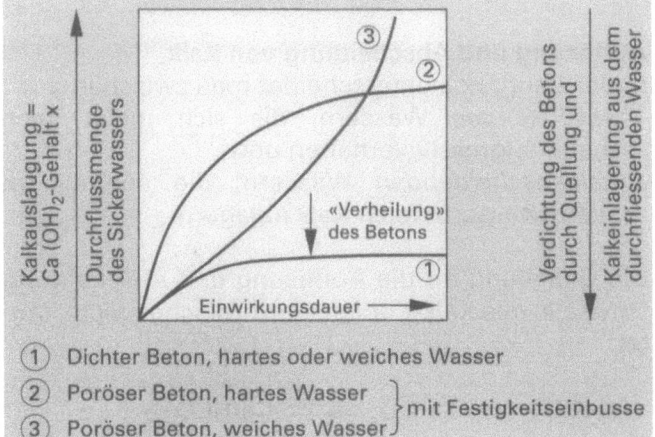

Kalkauslaugung in Abhängigkeit der Einwirkungsdauer bei verschiedenen Betonporositäten

Möglichkeit der Schutzschichtbildung
Beton, der sich dauernd im Wasser befindet, bildet nach der Kalkauslaugung an der Oberfläche eine Gelschicht. Diese schützt die darunter liegende karbonatisierte Betonoberfläche vor weiterer Auslaugung. Diese Gel-Schutzschicht wird bei einer Austrocknung zerstört.

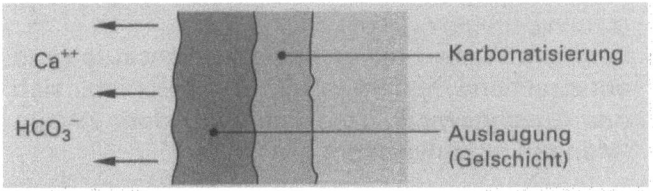

Schutzschichtbildung an dauernd nassen Betonoberflächen

Einlagerung von Sulfat
Bei der nachträglichen Einwirkung von sulfathaltigem Wasser auf den Beton erfolgt ein Sulfattreiben.
- Problematisch sind Wässer, die durch natürliche gipsreiche Schichten fliessen (z.B. bei Tunnelbauten).
- Ähnliche Probleme treten auf, wenn man in Mörteln Zement und Gips fälschlicherweise mischt.

Das Sulfat bildet mit Aluminat aus dem Portlandzement sogenannten Ettringit, der sehr voluminös ist und das Betongefüge sprengt.

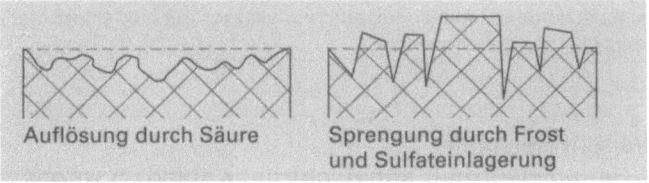

Betonkorrosion

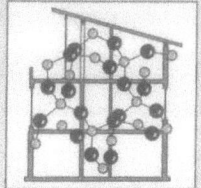

2.4 Beständigkeit der Metalle

2.4.1 Ursachen der Korrosion

Aufbau der Metalle

Alle metallischen Baustoffe werden unter Einsatz von grossen Energiemengen hergestellt (z.B. Hochofen bei Stahl). In der Natur streben alle Stoffe allgemein einen energiearmen Zustand an. Damit unterliegen auch die Metalle einer in der Praxis unerwünschten Stoffveränderung, die wir als *Korrosion* bezeichnen (Kapitel 1.8).

Die «kleinsten Teilchen» der Metalle sind die positiv geladenen Kationen (z.B. Al^{+++}), die aus den Atomen (Al) durch eine Abgabe der negativ geladenen Elektronen (e) entstanden sind:
- Aluminium $\quad Al = Al^{+++} + 3\,e^-$
- Zink $\quad\quad\quad Zn = Zn^{++} + 2\,e^-$
- Eisen $\quad\quad\, Fe = Fe^{++} + 2\,e^-$
- Kupfer $\quad\quad Cu = Cu^{++} + 2\,e^-$

Die «zusammenhaltende Kraft» (chemische Bindung, Metallbindung) ist die elektrische Anziehung zwischen den positiv geladenen Kationen und den frei beweglichen, entgegengesetzt geladenen Elektronen.

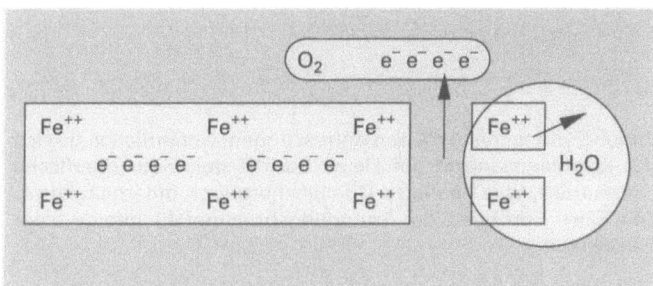

Eine Zerstörung der Metallbindung (Korrosion) erfolgt bei gleichzeitiger Anwesenheit einer elektronenentziehenden Substanz und Wasser (Feuchtigkeit). Das Wasser nimmt die Kationen auf. Ist die elektronenentziehende Substanz der Luftsauerstoff, so spricht man bei Stahl von Rosten.

Metallkorrosion

Unter Korrosion versteht man nach DIN 50 900, Teil 1:
- Reaktion eines metallischen Werkstoffes mit seiner Umgebung, die eine messbare Veränderung des Werkstoffes bedingt und zu einem Korrosionsschaden führen kann.

Korrosionsschutz

Ein Korrosionsschutz erfolgt grundsätzlich durch:
- Fernhalten von Wasser,
- Fernhalten von elektronenentziehenden Substanzen (z.B. mittels Beschichtungen), oder
- Zuführen von Elektronen (kathodischer Korrosionsschutz).

Inhibitoren sind korrosionsverhindernde Substanzen, die z.B. bei Heizungen eingesetzt werden, die nicht sauerstoffdicht sind.
Aus dem Anhang 3.6.4 ist der Korrosionsschutz bei Spenglerarbeiten ersichtlich (*Spengler-Tabelle*).
Aus dem Anhang 3.6.5 sind verschiedene Oberflächenbehandlungen (z.B. *Eloxieren*) ersichtlich.

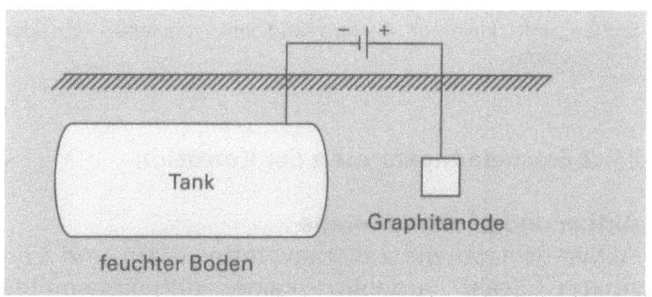

Kathodischer Korrosionsschutz durch Fremdstrom (z.B. Schutz von Tankanlagen). Elektronenzufuhr durch eine Gleichstromquelle verhindert die Metallkorrosion.

Anodische und kathodische Bereiche

Stellen an der Metalloberfläche, an denen Elektronen durch eine Substanz wie z.B. O_2 entzogen werden, heissen kathodische Stellen. Hier erfolgt chemisch eine Reduktion (= Elektronenaufnahme) der betreffenden Substanz an der Metalloberfläche:

$$\tfrac{1}{2}\,O_2 + H_2O + 2\,e^- \longrightarrow 2\,OH^-$$

Dieser Elektronenentzug führt gleichzeitig an einer mehr oder weniger weit entfernten Stelle zu einer anodischen Stelle mit einem Mangel an Elektronen. Hier erfolgt die Metallauflösung, chemisch gesehen eine Oxidation (= Elektronenabgabe):

$$Fe \longrightarrow Fe^{++} + 2\,e^-$$

Gesamthaft handelt es sich bei der Korrosion um eine sogenannte Redoxreaktion:

$$Fe + \tfrac{1}{2}\,O_2 + H_2O \longrightarrow Fe^{++} + 2\,OH^-$$

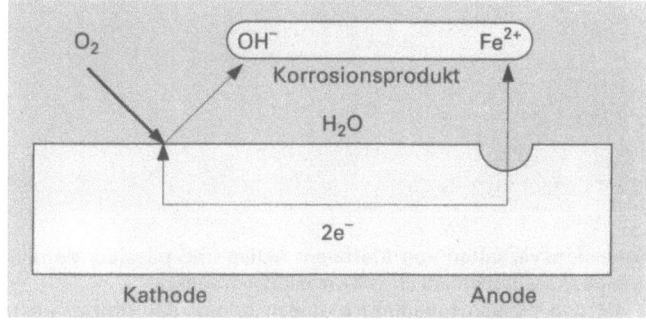

Die Reaktion kann ablaufen, wenn der Stromkreis geschlossen ist:
- Die Elektronen bewegen sich im Metall (Leiter 1.Klasse), und
- die Ionen bewegen sich in einem Wasserfilm (Leiter 2.Klasse).

2. Baustoffe

2.4 Beständigkeit der Metalle

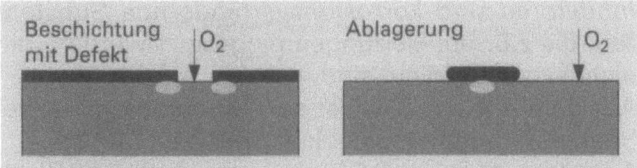

Sogenannte Belüftungselemente entstehen, wenn am gleichen Metall belüftete und unbelüftete Stellen vorhanden sind. An Stellen mit kleinerer Elektronendichte entstehen Anoden (= Korrosion).

2.4.2 Erscheinungsformen der Korrosion

Aktive und passive Metalle

Aktive Metalle wie z.B. bewitterter Stahl und verzinkter Stahl ergeben keine diffusionsdichte Schicht von Korrosionsprodukten. In der Regel liegen kathodische und anodische Stellen unmittelbar nebeneinander, und es erfolgt ein gleichmässiger, flächenhafter Abtrag. Ein solches Korrosionsverhalten ist typisch in leicht saurer Umgebung.

Passive Metalle wie bewittertes Aluminium und Chrom-Nickel-Stähle an der Luft oder Stahl im basischen Beton bilden unter idealen Voraussetzungen Schutzschichten. Wenn sie korrodieren, z.B. in chloridhaltiger Umgebung, sind kathodische und anodische Stellen getrennt, und es erfolgt ein sogenannter *Lochfrass*.

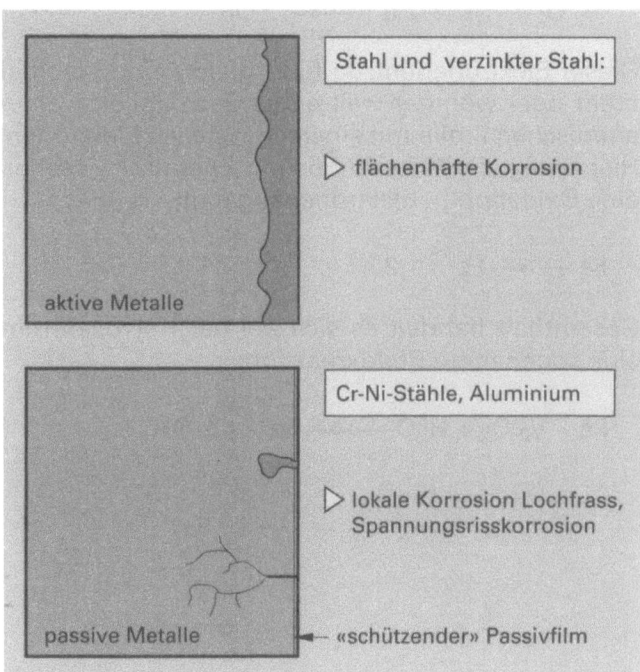

Korrosionsverhalten von Metallen: Aktive und passive Metalle zeigen ein unterschiedliches Korrosionsverhalten:
- Bei den aktiven (unedlen) Metallen erfolgt der Abtrag eher gleichmässig und flächenhaft.
- Passive Metalle werden lokal angegriffen. Die dabei entstehenden Korrosionserscheinungen sind in der Regel gravierender als ein gleichmässiger Abtrag.

Depassivator Chlorid Cl^-

Depassivatoren zerstören lokal den Oxidfilm und führen damit bei passiven Metallen zum Lochfrass. Im «Fall Uster» (Anhang 3.6.3) wurde Nichtrostender Stahl (V2A) mit der Werkstoff Nr. 1.4301 eingesetzt. Chlorid bewirkte eine «chloridinduzierte Spannungsrisskorrosion».

Korrosionsarten

Flächenabtrag

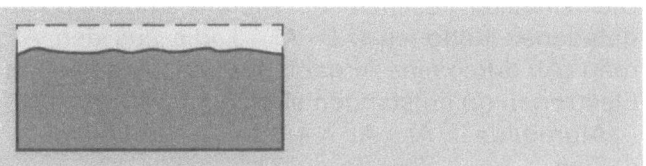

Ungefähr gleichmässiger Metallabtrag. Bei ausreichender Dicke des Metalls im allgemeinen nicht gefährlich. Eventuell erfolgt eine Verschmutzung bzw. Verstopfung von Abläufen.

Lokale Korrosion «Lochfrass»

Bildung von tiefen, örtlichen Anfressungen. Gefährlicher, da sich der Korrosionsangriff auf kleine Bezirke der Metalloberfläche konzentriert, was häufig zu Durchlöcherungen innerhalb kurzer Zeit führt. Erhöhung der Ermüdungsbruchgefahr infolge einer Kerbwirkung.

Risskorrosion

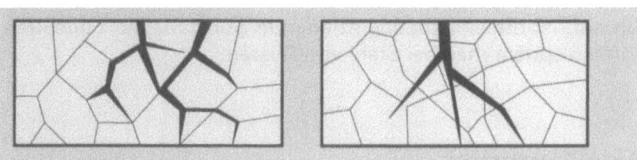

Korrosionsangriff
→ entlang der Korngrenzen = interkristalline Korrosion, oder
→ durch die Körner hindurch = transkristalline Korrosion.
Gefährlichste Korrosionsart, da sie bis zum Schadensfall nur mikroskopisch zu erkennen ist.

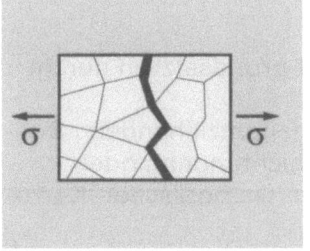

Wenn die Risskorrosion durch eine mechanische Zugspannung (σ) gefördert wird, spricht man von Spannungsrisskorrosion (inter- oder transkristallin). Diese Korrosionsart führt oft zu einer sehr schnellen Zerstörung des Werkstücks, da durch die Spannung die Rissfortpflanzung beschleunigt wird.

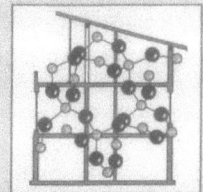

2.4 Beständigkeit der Metalle

Messgrössen

Flächengewichtsverlust:
Metallabtrag in g/m² oder Dickenabnahme in mm.

Korrosionsgeschwindigkeit v_K:
Flächengewichtsverlust pro Zeiteinheit in g/m² pro Tag oder Dickenabnahme in mm pro Jahr.

Der Flächengewichtsverlust und die Korrosionsgeschwindigkeit sind nur bei einem gleichmässigen Flächenabtrag genau definiert.

2.4.3 Praktisches Korrosionsverhalten

Korrosion in Abhängigkeit des pH-Wertes

Handelt es sich bei der elektronenentziehenden Substanz um Luftsauerstoff, so spricht man vom O_2-*Korrosionstyp*.
In Säuren erfolgt der Elektronenentzug durch H^+, und man spricht vom H_2-*Typ*, da Wasserstoffgas entsteht:

$$2 H^+ + 2 e^- \longrightarrow H_2$$

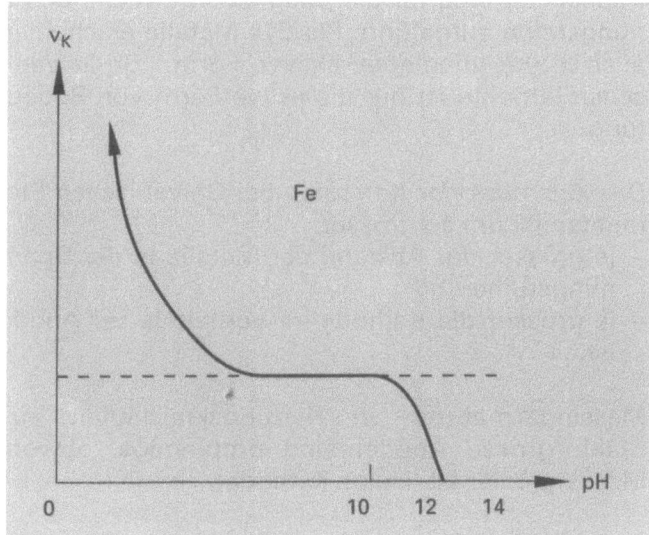

Abhängigkeit der Korrosionsgeschwindigkeit v_K vom pH-Wert bei Fe in luftgesättigten Lösungen.
Fe: – Zwischen pH 0 und 10:
Überlagerung von O_2- und H_2-Korrosion.
– Zwischen pH 10 und 12:
Unvollständige Passivierung durch OH^-
(gefährliche, lokale Korrosionen).
– Zwischen pH 12 und 14:
Vollständige Passivierung durch OH^- bei Abwesenheit von Depassivatoren (z.B. Cl^-).

Korrosionsgeschwindigkeit in Abhängigkeit von der Temperatur

Allgemein gilt im stofflichen Bereich die sogenannte RGT-Regel (Reaktionsgeschwindigkeit-Temperatur-Regel):
– Bei einer Temperaturerhöhung um 10 °C verdoppelt bis verdreifacht sich die Reaktionsgeschwindigkeit.

Korrosions-Beispiele aus der Praxis

a) In einem Zeitungsbericht war zu lesen, dass das Gleis im Furkatunnel nach erst 8 Betriebsjahren wegen Korrosionsschäden ersetzt werden musste. Es sollen schwerere Schienen eingebaut werden. Als Korrosionsursachen wurden angegeben:
– hohe Luftfeuchtigkeit,
– erhöhte Temperatur,
– Gleissicherung mit Gleichstrom und
– von den Autozügen eingeschlepptes Tausalz.

b) Bei einem Flachdachrand-Abschluss korrodierte das Aluminiumblech unter der mit Bitumen aufgeklebten Polymerbitumenbahn. Die Wärmedämmung aus Polyurethan PUR und die Dampfbremse vermochten die basische Feuchtigkeit der Betondecke (Phenolphthalein war rot) zum Aluminium zu transportieren (Kapillarwirkung). Dies konnte aufgrund der elektrischen Leitfähigkeit dieser Materialien (im feuchten Zustand) gezeigt werden. Eigentliche Schadenursache war das Eindringen von Wasser in die Wärmedämmschicht.

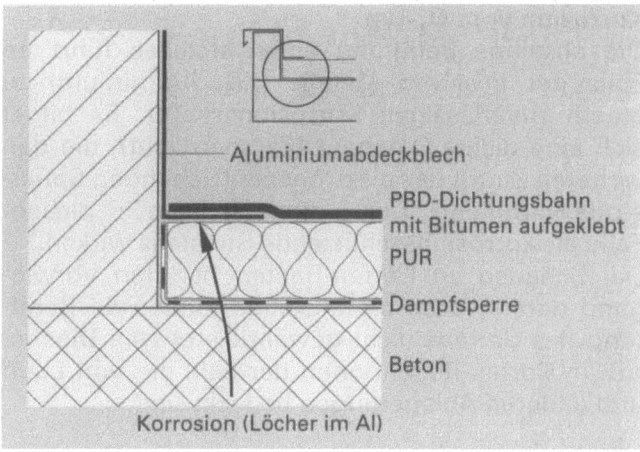

Korrosion der Aluminiumabdeckung durch Base aus dem Beton

Korrosionsverlauf

In der Praxis kann das Korrosionsverhalten eines metallischen Werkstoffes in einem gegebenen System durch die Angabe der Korrosionsgeschwindigkeit oft nur unzureichend erfasst werden. Abgesehen von lokaler Korrosion und Risskorrosion (Materialverlust ist unwesentlich), sind in bezug auf

2. Baustoffe

2.4 Beständigkeit der Metalle

die Zeitabhängigkeit des Gewichtsverlustes gemäss Darstellung verschiedene Fälle möglich.
Die Hauptschwierigkeit bei der Korrosionsprüfung besteht deshalb darin, geeignete Prüfmethoden zu finden, um vom Kurzzeit- auf das Langzeitverhalten eines Werkstoffes in einem gegebenen System zu schliessen.

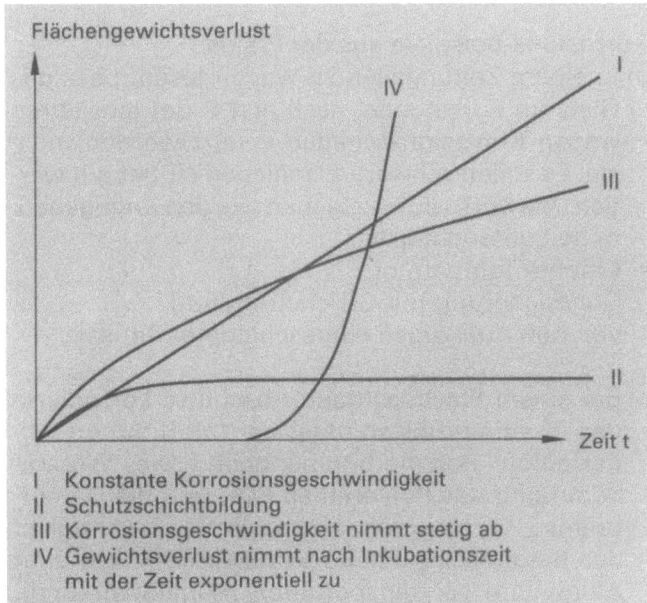

I Konstante Korrosionsgeschwindigkeit
II Schutzschichtbildung
III Korrosionsgeschwindigkeit nimmt stetig ab
IV Gewichtsverlust nimmt nach Inkubationszeit mit der Zeit exponentiell zu

Zeitlicher Verlauf des Flächenabtrages in folge Korrosion

2.4.4 Korrosionstypen

Korrosion vom O_2-Typ
Die allseitige Belüftung eines Metalles führt im Falle der passiven Metalle (z.B. Aluminium) zu einem zuverlässigen Korrosionsschutz. Es bildet sich eine dichte Oxidhaut (Passivschicht), die den weiteren Zutritt des elektronenentziehenden Sauerstoffs verhindert. Der Sauerstoff kann in diesem Falle als korrosionsschützende Substanz wirken.
Die Schäden an Corten-Bauten beruhen vorwiegend darauf, dass die allseitige, dauernde Belüftung des Cortens nicht gewährleistet war. Dies ist z.B. in Corten-Regenrinnen der Fall, die von Laub und anderen Ablagerungen bedeckt sind.

Sobald ein Metall teils belüftet und teils nicht belüftet ist, entsteht ein sogenanntes *Belüftungselement*. Die Korrosion erfolgt am nicht belüfteten Teil, da dort ein anodischer Bereich entsteht. Diese Korrosionsart ist speziell auch bei passiven und eher edlen Metallen bedeutsam.

Galvanische Elemente
Im Falle der Galvanischen Elemente wirkt ein *edleres Metall* als elektronenentziehende Substanz. Dieses edlere Metall muss in direktem, elektrisch leitendem Kontakt mit dem unedleren Metall sein.

Eine Korrosion erfolgt nur, wenn der Stromkreis geschlossen ist. Dazu müssen beide Metalle von der gleichen, ebenfalls elektrisch leitenden Flüssigkeit bedeckt sein. Diese Flüssigkeit wird als Elektrolyt bezeichnet und besteht aus Wasser mit gelösten Salzen.

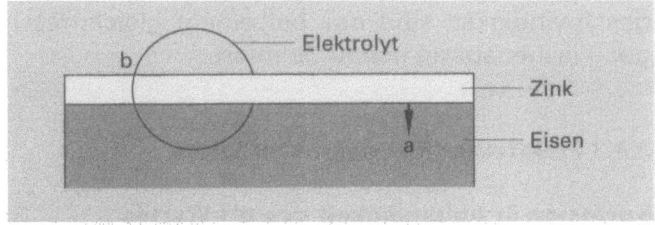

Galvanisches Element bei verzinktem Stahl.
a) Elektrische Leitung durch Elektronenfluss zum edleren Metall, das damit zur Kathode wird.
b) Elektrische Leitung durch gelöste Ionen; damit ist ein geschlossener Stromkreis gewährleistet.

Die Edelkeit eines Metalles ist aus der Spannungsreihe der Metalle ersichtlich. Am Schluss dieses Kapitels ist eine für die Baupraxis nützliche Spannungsreihe aufgeführt. Passive Metalle erscheinen auch in der unedleren, aktiven Form. Für Galvanische Elemente ist nur die aktive Form von Bedeutung.

Das *Ausmass der Korrosion* bei Galvanischen Elementen ist um so grösser,
– je grösser der Abstand der Metalle in der Spannungsreihe und
– je grösser die Kathode im Verhältnis zur Anode ist.

Messingarmaturen in Heizungskreisläufen aus Stahl (grosse Anode) sind problemlos, obwohl Messing edler ist (kleine Kathode).

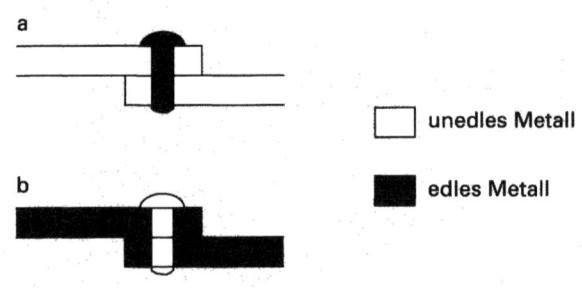

Materialkombination aus zwei verschieden edlen Metallen, die in direktem Kontakt sind:
a) Günstigere Kombination (wird oft angestrebt).
b) Schlechte Kombination wegen grosser Kathode.

2.4 Beständigkeit der Metalle

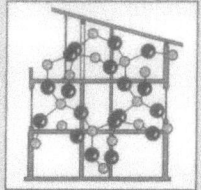

Korrosion durch edlere Kationen
Die Korrosion durch edlere Kationen erfolgt bei zwei verschieden edlen Metallen,
- die nicht in direktem, elektrisch leitendem Kontakt sind und
- wenn in der Fliessrichtung des Wassers zuerst das edlere Metall kommt.

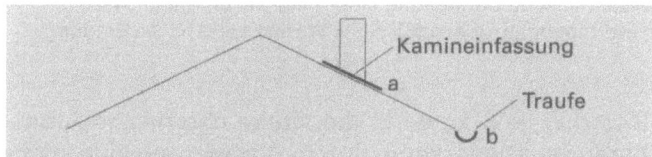

Eine Kamineinfassung (a) ist mit einer Regenrinne (b) nicht in direktem, elektrisch leitendem Kontakt.
Regenwasser transportiert Ionen, die es aus dem Metall (a) löst, zum Metall (b), z.B.:
(a) = Kupfer und (b) = verzinkter Stahl ist schlecht, aber
(a) = verzinkter Stahl und (b) = Kupfer ist problemlos.

Ein Spezialfall für das edlere Kation ist das H^+-Ion, das in jeder Säure enthalten ist und ebenfalls elektronenentziehend wirken kann. Dabei entsteht aus 2 H^+ und 2 Elektronen das Wasserstoffgas H_2:

$$2\,H^+ + 2\,e^- \longrightarrow H_2$$

Der Wasserstoff steht daher auch in der Spannungsreihe der Metalle, obwohl er ein Nichtmetall ist. Metalle in der Spannungsreihe *oberhalb* des Wasserstoffs werden durch Säuren *leicht* aufgelöst. Die Korrosion wird als *H_2-Typ* bezeichnet.

Elektronenentzug:	Korrosionstyp	Beispiel
Luftsauerstoff	**Korrosion vom O_2-Typ** – Bei aktiven Metallen entsteht keine schützende Oxidschicht	Stahl
	– Passive Metalle sind bei allseitiger Belüftung geschützt	Aluminium, Nichtrostende Stähle (V2A)
	Spezialfall: **Belüftungselement** (Metall teils belüftet, teils unbelüftet)	Ablagerungen auf V2A-Fassadenblech
Edleres Metall (zwei Metalle in direktem Kontakt)	**Galvanische Element** (Vorsicht bei Vertauschung der Plätze Zn/Fe in der Spannungsreihe im Heisswasser)	z.B. verzinkter Stahl Zink ist das Opfermetall (Korrosionsschutz) wenig problematisch, wenn Anode viel grösser als Kathode
Edleres Kation (Metalle nicht in direktem Kontakt, edlere in Fliessrichtung zuerst)	**Korrosion durch edlere Kationen**	z.B. Boiler aus Kupfer, nachfolgende Leitung verzinkt
	Spezialfall: **Korrosion vom H_2-Typ** Edleres Kation ist H^+ (aus Säure)	Korrosion verzinkter Bleche (Dächer)
Korrosion durch OH^--Ion (Base)	**Lochfrass durch Base**	Aluminium im Kontakt mit Zement

Korrosionsursachen und Korrosionstypen

```
Metall (Me) ────────────────▶ Metallkation (Me^(n+))
zunehmend   Elektronenabgabe:   (im Wasser oder im
edler       Langer Pfeil bedeutet   Korrosionsprodukt)
            leichte Abgabe

  Al aktiv ──────────────────▶ Al^(3+)
    Zn aktiv
      Titanzink aktiv
        Al passiv
          Stähle aktiv
            Zn passiv
              Wasserstoff als Bezugssubstanz
                Messing
                  Cu aktiv
                    Stahl 18/8 passiv ──▶ Fe^(2+)
```

Praktische Spannungsreihe der Metalle für das Bauwesen

2. Baustoffe

2.5 Beständigkeit mineralischer Baustoffe

2.5.1 Aufbau der mineralischen Baustoffe

Vorgeformte und nichtvorgeformte mineralische Baustoffe

Bei den *Halbfertigfabrikaten (vorgeformt)* der mineralischen Baustoffe unterscheidet man zwischen den:
- *Natursteinen* (wie z.B. Sandsteinen), den
- *Gebrannten Steinen* (z.B. Backsteine, Keramik) und den
- *Mineralisch gebundenen Baustoffen* (z.B. zementgebundene Holzspanplatten, Kalksandstein).

Von entscheidender Bedeutung bei einer Aussenanwendung sind die Porosität und der Kalkgehalt. Poröse und stark kalkhaltige Baustoffe zeigen die grössten Beständigkeitsprobleme gegen Frost und Säuren.

Die *nicht vorgeformten* mineralischen Baustoffe werden Bindemittel (Anhang 3.7) genannt. Man unterscheidet zwischen den:
- *Nichthydraulischen Bindemitteln* (Gips, Kalk und Weissputz) und den
- *Hydraulischen Bindemitteln* (Hydraulischer Kalk und Portlandzement PC), die das Element Silizium enthalten. Sie ergeben Abbindeprodukte (Mörtel und Betone), die wasserbeständiger sind.

«Zusammenhaltende Kräfte»

Die «kleinsten Teilchen» der Bindemittel sind positiv geladene Kationen und negativ geladene Anionen:

z.B. Gips:
$$CaSO_4 \cdot 2\,H_2O \longrightarrow \underline{Ca^{++}} + \underline{SO_4^{--}} + 2\,H_2O$$

Diese Ionen sind in einem Ionengitter regelmässig angeordnet und werden durch die elektrische Anziehung der entgegengesetzten Ladungen zusammengehalten. Es handelt sich dabei um eine *Ionenbindung* (Abschnitt 1.5.1); Ionenverbindungen nennt man auch Salze.

Beim Abbinden der Bindemittel werden neue Ionengitter gebildet, z.B. gebrannter Gips und Wasser:

$$CaSO_4 \cdot 0,5\,H_2O + 1,5\,H_2O \longrightarrow CaSO_4 \cdot 2\,H_2O$$

Die *zwischen den Ionen* wirkende, starke chemische Ionenbindung wird durch Wassermoleküle, die sich zwischen die Ionen drängen können, aufgehoben. Alle Ionenverbindungen sind mehr oder weniger wasserlöslich.
Zwischen den Atomen im Anion, z.B. zwischen

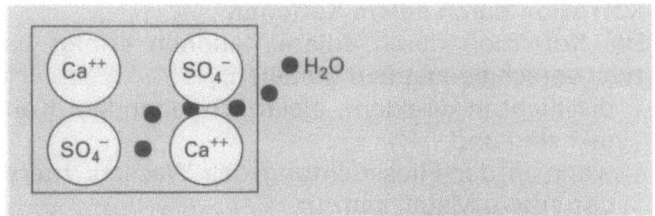

Schematische Darstellung einer Ionenverbindung (Salz). Eindringendes, überschüssiges Wasser zerstört die Bindung.

S und O in SO_4, wirkt die starke chemische Atombindung. Diese kann durch Wassermoleküle nicht getrennt werden.
Beim *Abbinden der hydraulischen Bindemittel* werden grosse, Si und O enthaltende Anionen gebildet. Diese werden wiederum durch die wasserbeständige Atombindung zusammengehalten. Diese grossen Anionen sind für die grössere Wasserbeständigkeit verantwortlich.

Chemische und physikalische Betonkorrosion

Bei der Beurteilung der *Dauerhaftigkeit von Stahlbeton* muss eine Differenzierung in die Teilaspekte Beton- und Stahlkorrosion vorgenommen werden.

Beton ist ein heterogener, mineralischer Baustoff, der infolge seiner Porosität zusätzlich eine grosse innere Oberfläche aufweist.
Gemeinsamkeiten bei der Beton- und Stahlkorrosion liegen darin, dass in beiden Fällen die Anwesenheit von Wasser eine wesentliche Voraussetzung darstellt und dass beide von Säuren angegriffen werden. Beide Materialien können zudem unter bestimmten Voraussetzungen Schutzschichten ausbilden. Grundsätzlich unterscheiden sich jedoch die beiden Korrosionsmechanismen.

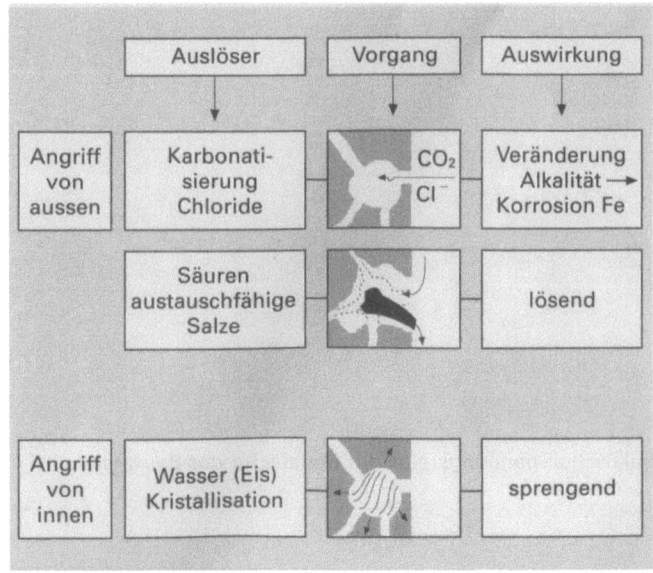

Korrosionsmechanismen bei Beton

2.5 Beständigkeit mineralischer Baustoffe

Chemische Betonkorrosion
Bei Beton ist einerseits eine chemische Korrosion von Bedeutung, durch die in der DIN 4030 [5] aufgeführten Stoffe (Abschnitt 2.3.4). Diese Stoffe wirken:
- lösend (Säure),
- ionentauschend (Mg, Ammonium) und
- treibend (Sulfateinlagerung).

Physikalische Betonkorrosion
Anderseits wirken bei Beton auch rein physikalische Zerstörungsmechanismen durch Treibvorgänge, insbesondere durch die Frosteinwirkung.

2.5.2 Natürliche Bausteine

Arten der Verwitterung
Folgende auslösende Faktoren sind bei der Verwitterung natürlicher Bausteine von Bedeutung:
- in Wasser gelöste Salze und
- in Wasser gelöste saure Gase (im sauren Regen) wie CO_2, SO_2 (Schwefeldioxid) und NO_x (Stickoxide).

Bei der Steinkorrosion unterscheidet man zwischen der mechanischen (durch physikalisch-chemische Vorgänge), der chemischen und der biologischen Korrosion.

Mechanische Korrosion:
- Frostschäden   ⎫
- Salzschäden   ⎬ durch Kristallisation, Hydratation und Hygroskopizität
- Frosttausalzschäden ⎭

Chemische Korrosion:
- Umwandlung des Bindemittels Kalk in Gips:

$$CaCO_3 + H_2SO_4 \longrightarrow CaSO_4 + H_2O + CO_2$$

Kalk	+ saurer Regen	Gips	+ Kohlensäure
unlösliches Bindemittel		lösliches Salz	

- Auflösung des Bindemittels Kalk:

$$CaCO_3 + H_2O + CO_2 \longleftrightarrow Ca(HCO_3)_2$$

Kalk unlöslich	Regenwasser	Ca-Hydrogencarbonat wasserlöslich

Das im Innern des Steins in Ca-Hydrogencarbonat umgewandelte Bindemittel $CaCO_3$ wird bei der Trocknung des Steins an die Oberfläche gebracht, wo es als $CaCO_3$ wieder ausfällt.

Biologische Korrosion:
Bei den Mikroorganismen unterscheidet man einerseits die autotrophen Pflanzen und Algen und anderseits die heterotrophen Tiere, Mikropilze und Bakterien.
Autotrophe Lebewesen beziehen den Kohlenstoff für den Stoffwechsel aus der Luftkohlensäure, z.B. Bewuchs der Baustoffe mit Algen, Flechten und Moosen (unerwünschte Verfärbung). Dagegen sind heterotrophe Lebewesen auf organische Substanz angewiesen und wachsen daher nicht auf rein mineralischen Untergründen. Sie können Salzbildung durch Stoffwechselprodukte hervorrufen.

Formen der Verwitterung
An den Bausteinen beobachtet man folgende Veränderungen:
- Absandungen
- Abschieferungen
- Bröckelzerfall
- Gefügezerstörung
- kavernenartige Auswitterung
- Rissbildung
- Schalenbildung.

a) *Poröse, kalkhaltige Steinarten* (z.B. Sand- und Tuffsteine) verwittern von innen heraus unter Krusten- und Schalenbildung. Historische Bauten aus Kalkstein sind heute durch den sauren Regen stark gefährdet. Sie können z.B. mittels einer Imprägnierung geschützt werden.

b) *Dichte Kalksteine* (z.B. Jurakalk, Marmor, Muschelkalk) verwittern allmählich an der Oberfläche, durch Absanden.

c) *Dichte und poröse kalkfreie Steine* (z.B. Granit, Basaltlave, quarzitische Sandsteine) sind relativ witterungsbeständig.

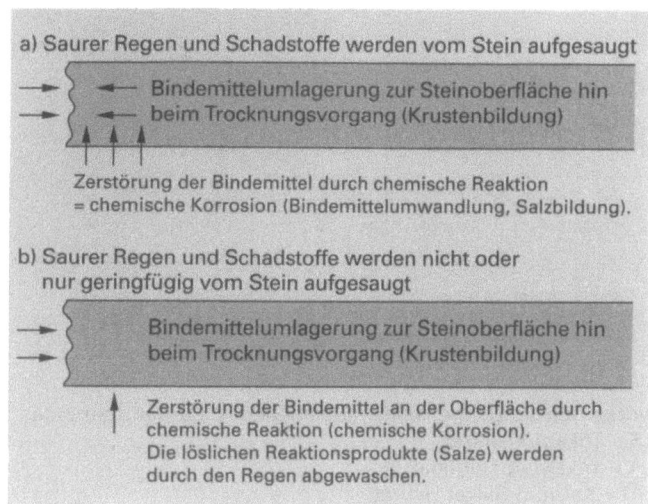

Korrosion: a) poröser Kalksteine, b) dichter Kalksteine

2. Baustoffe

2.5 Beständigkeit mineralischer Baustoffe

2.5.3 Beständigkeit von Stahlbeton

Beton
Beton besitzt eine heterogene, mikroporöse Verbundstruktur von Zementstein und Zuschlagstoffen, die in enger, zum Teil irreversibler Wechselwirkung mit der Feuchtigkeit stehen. Bedeutsam ist die relativ spröde Zementstein-Matrix mit einer geringen Zugfestigkeit. Sie hat eine chemisch und physikalisch komplexe Geschichtsabhängigkeit, die in einem unmittelbaren Zusammenhang mit der Dauerhaftigkeit des Komposites steht.

Die Betoneigenschaften werden von der Zusammensetzung und Verarbeitung bestimmt, insbesondere von:
- der Zementdosierung
- dem Wasser/Zement-Wert (W/Z-Wert)
- dem Zuschlag (Sand/Kies)
- Zusatzmitteln (wie z.B. Verflüssiger)
- der Verdichtung und der Nachbehandlung.

Der Abbindevorgang beim Portlandzement
Der Zementstein bildet sich beim Abbinden des Portlandzementes (*Hydratation*). Zu den wichtigsten Abbindeprodukten gehören die Kalzium-Silikat-Hydrate, die Kalzium-Aluminat-Hydrate und das Kalziumhydroxid.

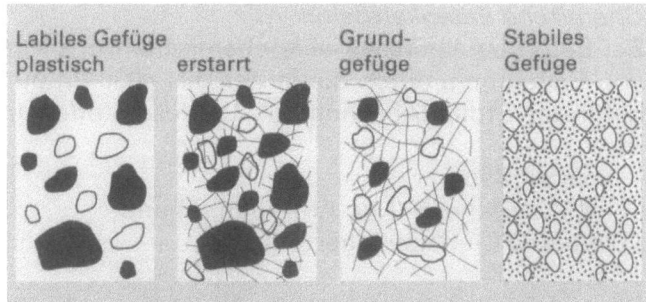

Schematische Darstellung der Bildung der Hydratphase und der Gefügeentwicklung bei der Hydratation des Zements

Die Bedeutung des Kalziumhydoxids
Das Kalziumhydroxid bedingt eine stark basische Reaktion des Zementsteines. Diese ist für die Beständigkeit der Bewehrung im Stahlbeton wichtig, weil dadurch die Stahloberfläche passiviert wird.

Oberflächennahe Bewehrung
Die Bindekapazität des Zementsteins für Säuren und Chlorid ist bedeutsam für die Beurteilung der sogenannten *Korrosionsbereitschaft* der Bewehrung.
Die Dicke der Betonüberdeckung und die Porosität des Zementsteines entscheiden über das für die Stahlkorrosion notwendige Angebot an Sauerstoff und Wasser, d.h. über das *Ausmass der Korrosion*.

A) Korrosionsbereitschaft:
- Karbonatisierung (pH sinkt von >12 auf etwa 9) und/oder
- $\geq 0{,}4$ Massen-% Cl^- (bezüglich Zementmasse).

B) Ausmass der oberflächennahen Korrosion:
- Gleichzeitige Anwesenheit von Wasser und Sauerstoff.

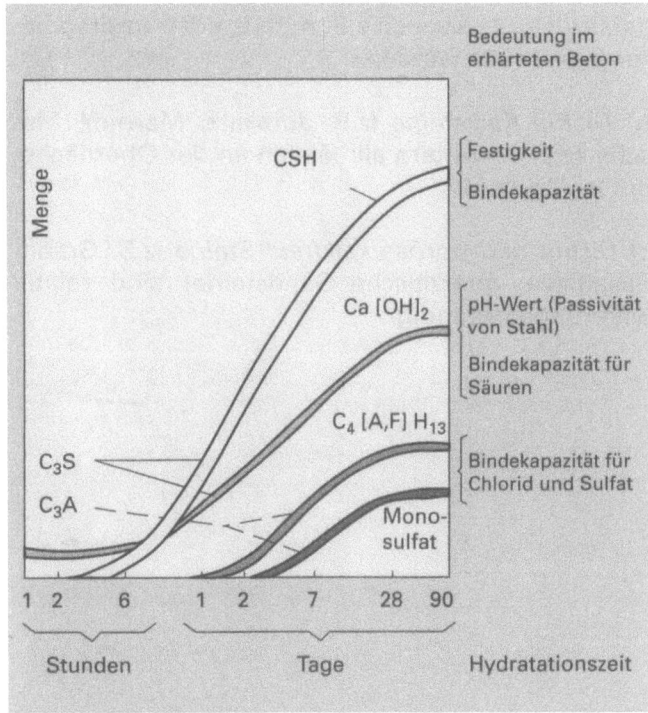

Hydratationsvorgänge beim Abbinden des Portlandzementes
C_3S = Trikalziumsilikat
C_3A = Trikalziumaluminat
CSH = Kalzium-Silikat-Hydrat
$C_4 (A, F) H_{13}$ = Tetrakalzium-Aluminat-Ferrit-Hydrat
(Anhang 3.3.3)

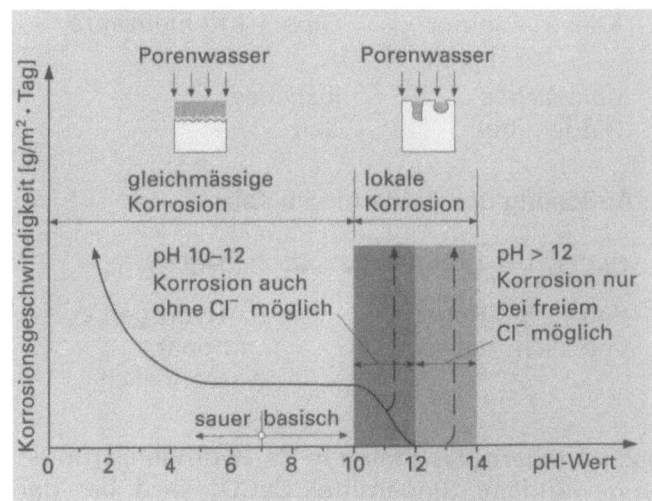

Korrosionsverhalten von Stahl in Beton

2.5 Beständigkeit mineralischer Baustoffe

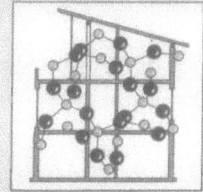

Tiefliegende Bewehrung
In den Beton eindringendes Chlorid zerstört die durch das Kalziumhydroxid gebildete Schutzschicht auf der Bewehrung: Lochfrass auch bei pH > 12.

2.5.4 Porosität und Beständigkeit von Beton

Porosität in Abhängigkeit vom W/Z-Wert
In Abhängigkeit vom vorgegebenen Wasser/Zement-Wert enthält der Zementstein im submikroskopischen Bereich mehr oder weniger Kapillarporen, die Wasser und Salzlösungen aufsaugen können.
Weiter liegen im mikroskopischen bis sichtbaren Bereich *nicht kapillarwasserfüllbare Luft- und Verdichtungsporen* vor, die bei Frost- und Kristalldruck als Expansionsräume dienen.
Ein dichter Beton mit einem geringen Gehalt an wasserfüllbaren Kapillarporen zeigt allgemein eine gute Beständigkeit.

Hydratationsporen		Luftporen	
Entstehen bei der Hydratation des Zements		Entstehen bei der Verarbeitung	Entstehen durch LP-Mittel
Gelporen	Kapillarporen	Verdichtungsporen	künstliche Luftporen
$\varnothing \approx 10^{-6}$ mm	$\varnothing \leq 10^{-3}$ mm	$\varnothing \geq 10^{-1}$ mm	$\varnothing \geq 10^{-1}$ mm
ca. 6 Vol.-%	W/Z 0,5: 3,4 Vol.-% W/Z 0,6: 6,4 Vol.-% W/Z 0,7: 9,4 Vol.-%	1 – 2 Vol.-%	ca. 5 Vol.-%
mit Wasser füllbarer Porenraum		normalerweise nicht wasserfüllbare Poren	

Das Porensystem im Beton (theoretische Werte)

Porosität und Hydratationsgrad
Auch der Hydratationsgrad ist massgebend für die Kapillarporosität, d.h. für den wasserfüllbaren Porenanteil und damit für die Durchlässigkeit des Zementsteins. Der Widerstand des Betons gegen das Eindringen von Schadstoffen steigt mit abnehmendem Wasser/Zement-Wert und zunehmendem Hydratationsgrad. Der Hydratationsgrad ist abhängig von den Erhärtungsbedingungen, insbesondere von der Feuchtigkeit, der Temperatur und der Nachbehandlung.

Transport im Porensystem
Der Transport von gelösten Fremdstoffen in den Beton kann als eine relativ langsame Diffusion durch die Porenlösung des feuchten Zementsteins erfolgen. Weit schneller ist ein Transport im sogenannten «Huckepack» durch vom Beton kapillar aufgesogenes Wasser. Beide Transportmechanismen sind vornehmlich von der Zementsteinporosität abhängig. Konstruktiver Bautenschutz verhindert das Eindringen von Wasser (Anhang 3.9).
Zusätzlich erleichtern auch Risse und Schwachstellen das Eindringen der Schadstoffe. Das Eindringen gasförmiger Stoffe ist bei nassem Beton infolge wassergefüllter Poren behindert. So ist z.B. im regengeschützten Bereich eines Bauteils eine grössere Karbonatisierungstiefe zu erwarten als bei Bauteilen, die der Witterung ausgesetzt sind und daher teilweise wassergefüllte Poren aufweisen.

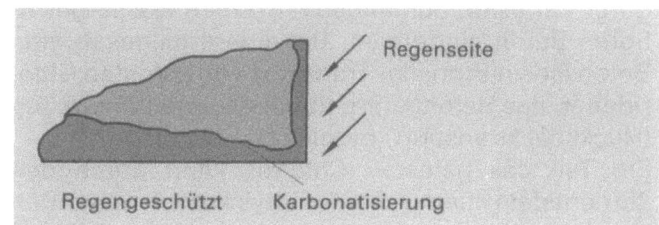

Karbonatisierungstiefe in Abhängigkeit von der Bewitterung

Eindringen von Kohlendioxid
Die grösste Karbonatisierungsgeschwindigkeit erfolgt bei relativer Luftfeuchtigkeit zwischen 50 % und 70 %. Mit steigendem Wasser/Zement-Wert, d.h. mit zunehmendem Porengehalt, nimmt die Karbonatisierungstiefe praktisch linear zu. Je länger der junge Beton feucht behandelt wurde, desto dichter ist sein Gefüge und desto langsamer karbonatisiert er.

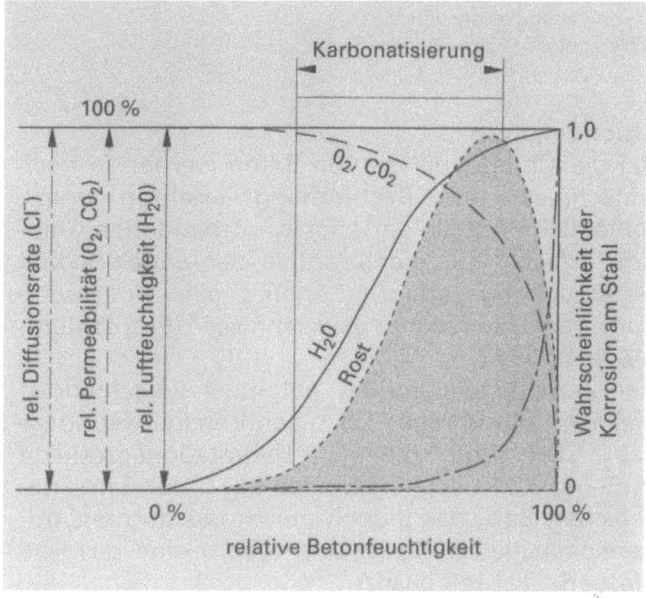

Karbonatisierung in Abhängigkeit von der Betonfeuchtigkeit [6]

2. Baustoffe

2.5 Beständigkeit mineralischer Baustoffe

Künstliche Luftporen
Zur Erzielung der Frostbeständigkeit werden als Expansionsräume etwa 5 % Luftporen (mittels Luftporenbildnern) eingeführt. Diese sind infolge eines grösseren Radius unter normalen Druckbedingungen nicht kapillarwasserfüllbar. Damit unterbrechen sie einerseits die Kapillarität und verzögern so den Transport von gelösten Schadstoffen. Anderseits fördern sie den Transport von gasförmigen Stoffen in den Beton.

2.5.5 Betontechnologie

Chloridbindevermögen
Chloride als Bestandteil von Tausalzen können durch Diffusion nur langsam in einen wassergesättigten Beton eindringen. Bei einem teilgesättigten Beton ist ein schneller Transport von gelösten Chloriden in das Betoninnere durch die Kapillarwirkung (Huckepacktransport) möglich.
Ein Teil des gelösten Chlorids kann durch den Zementstein chemisch oder physikalisch gebunden werden.

- Es wurde ein Bindevermögen von 0,4 Massen-% Chlorid bezüglich der Zementmasse für Portlandzement postuliert.

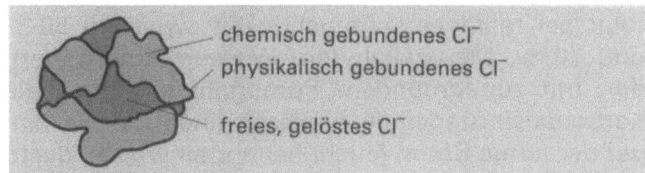

Chloridformen im Zementstein:
- chemisch oder physikalisch gebunden
  → nicht korrosionswirksam
- frei, gelöst → korrosionswirksam

Chloridanalyse
Bei der Chloridanalyse von Beton werden je nach Aufschluss- und Bestimmungsverfahren unterschiedliche Anteile der effektiv vorhandenen Chloride erfasst. Nur die Kenntnis der angewandten Untersuchungsverfahren erlaubt eine Interpretation der Untersuchungsergebnisse (Empfehlung SIA 162/2 [56]).
Der Zementstein enthält potentiell verschiedene inaktive Chloridträger. Dazu gehören insbesondere das CSH und die C_3A-Hydratationsprodukte (Anhang 3.3.3). Letztere binden das Chlorid im Friedelschen Salz, das jedoch nur in bestimmten pH-Bereichen beständig ist und zudem eine gewisse Wasserlöslichkeit besitzt.
Aus derartigen Verbindungen kann während der Nutzungsphase eines Betonbauwerkes durch eine Veränderung der Umgebungsbedingungen, insbesondere bei einer Karbonatisierung, lösliches Chlorid freigesetzt werden.

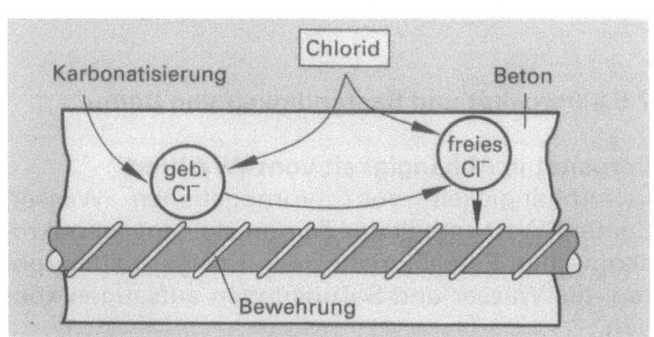

Wechselwirkung zwischen Karbonatisierung und Chloridfixierung: Gebundenes Chlorid kann durch Karbonatisierung wieder freigesetzt werden

Zusatzmittel (Anhang 3.10)
Dichtungsmittel, die die Dichtigkeit des Zementsteines erhöhen, behindern das Eindringen der Schadstoffe in den Beton. Über ihr Langzeitverhalten ist jedoch noch wenig bekannt.

Verflüssiger verbessern die Verarbeitbarkeit bei vermindertem Wassergehalt. Sie erlauben die Herstellung eines Zementsteines mit geringerem Kapillarporengehalt und eine bessere Verdichtung.

Beim Einsatz von *Luftporen-Mitteln* werden im Beton etwa 5 % künstliche Luftporen erzeugt. Unbestritten ist ihre günstige Wirkung gegen Frost und Frost-Tausalzeinwirkungen (Luftporen = Expansionshohlräume, die einen Druckabbau beim Gefrieren von Wasser ermöglichen). Sie verhindern Gefügeschäden, die die Ursache für das schnelle Eindringen von Schadstoffen und die Bewehrungskorrosion sein können.

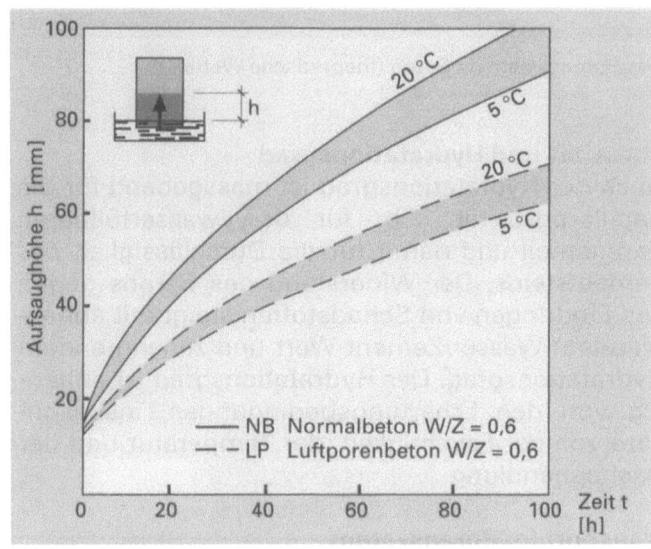

Aufsaugversuche mit Wasser bei 20 °C und 5 °C

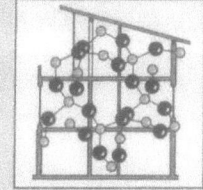

2.5 Beständigkeit mineralischer Baustoffe

Weitere Massnahmen
Ein bedeutsamer betontechnologischer Parameter ist die unmittelbare Feucht-Nachbehandlung des Betons. Diese wirkt sich über den Hydratationsgrad positiv auf den Eindringwiderstand von Schadstoffen aus.
Auch weitergehende Nachbehandlungen der Betonoberflächen wie Hydrophobierungen, Versiegelungen und Beschichtungen stehen heute zur Diskussion [33, 34, 37] (Anhang 3.15).
Diese können die kapillare Wasseraufnahme und damit das Eindringen von Salzlösungen stark behindern. Andererseits ist nicht auszuschliessen, dass z.B. durch Imprägnierungen die Karbonatisierungsgeschwindigkeit erhöht werden kann.
Neuere Entwicklungen sind die polymergebundenen und polymermodifizierten Werkstoffe (Anhang 3.11).

Bezeichnung von Beton [7]

Beton B40/30	Betonart und Festigkeit	Beton B35/25
HPC 325 kg/m³	Zementart und -dosierung	PCHS 325 kg/m³
frostbeständig	Besondere Eigenschaften	wasserdicht, sulfatbeständig
d_{max} = 16 mm	Grösstkorn des Zuschlags	

Betonart und Festigkeit:
Die bisherigen Bezeichnung BN, BH und BS entfallen. Statt dessen werden zuerst Betonart und Festigkeit angegeben. Der Buchstabe B bedeutet Beton, und zwar mit einer Rohdichte zwischen 2000 und 2800 kg/m³. Soll Leichtbeton verwendet werden, so stehen die Buchstaben LB. Anschliessend folgen zwei Zahlenwerte, die die Festigkeit in N/mm² vorschreiben und als Druckfestigkeit f_{cw} an Probewürfeln im Alter von 28 Tagen gemessen werden. Der erste, höhere Wert ist der Mittelwert f_{cwm}, und der zweite, niedrigere Wert ist der Mindestwert $f_{cwm,min}$ einer Stichprobe. Dieser Mindestwert darf praktisch nicht unterschritten werden (Ausnahme: 2-%-Fraktile bei einer grossen Anzahl von Prüfungen). Er ist deshalb von Bedeutung, weil ihn der Ingenieur für die Tragwerksberechnung benützt.

Zementart und -dosierung:
In der Schweiz sind
– PC (normaler Portlandzement),
– HPC (hochwertiger Portlandzement) und
– PCHS (Portlandzement mit hoher Sulfatbeständigkeit) gebräuchlich und normiert [9].

Der Zahlenwert schreibt die Dosierung nach Gewicht vor und ist auf den fertig eingebrachten und verdichteten m³ Beton bezogen.
Die neue Bezeichnung der Zemente ist aus Anhang 3.8 ersichtlich.

Besondere Eigenschaften:
– wasserdicht
– frostbeständig
– frost-tausalzbeständig
– beständig gegen chemischen Angriff
– abriebfest.

Die besonderen Eigenschaften sind keine Nebensächlichkeiten, wie ihr Name etwa im Sinne von «besonderen Anordnungen» vermuten lässt. Je nach Art des Bauwerks bestimmen sie massgebend Wirtschaftlichkeit, Funktionstüchtigkeit und Aussehen. Zu ihrem Nachweis gibt es verschiedene Prüfungen. Sie sind in [7, 8] aufgeführt.

Überdeckung der Bewehrung

Umweltbedingungen, die auf Bauteile und Tragwerke einwirken und Ausführungsart	Art.	Mindestwerte auf der Baustelle (mm)
der Witterung ausgesetzt	4 32 2	30
ungeschalte Flächen		35
bei hoher Frost- und Frosttausalz-Einwirkung	3 37 3	Werte aus Art. 4 32 um mind. 10 mm erhöhen
bei chemischen Angriffen	3 38 4	Werte aus Art. 4 32 um mind. 10 mm erhöhen

Überdeckung der Bewehrung nach Norm SIA 162 [7]. Die Dichtigkeit der Betonüberdeckung ist allerdings nicht eigens normiert.

2. Baustoffe

2.6 Organische Baustoffe

2.6.1 Aufbau der hochmolekularen Baustoffe (siehe Kapitel 1.9)

Erdöl

Erdöl ist ein Gemisch von gesättigten Kohlenwasserstoffen mit der Formel C_nH_{2n+2}.

Bei den kleinsten Teilchen dieser Nichtmetallverbindungen handelt es sich um Moleküle, z.B.:

CH_4 Methan
C_2H_6 Ethan
C_3H_8 Propan
C_4H_{10} Butan

Als zusammenhaltende Kräfte wirken Atombindungen (gemeinsame Elektronenpaare) innerhalb der Moleküle und schwächere, stark temperaturabhängige physikalische Kräfte (Van-der-Waals-Bindungskräfte) zwischen den Molekülen.

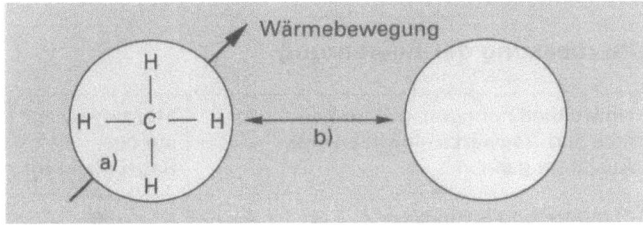

Die starke Atombindung (a) innerhalb der Moleküle wird in Strukturformeln durch einen Strich dargestellt. Zwischen den Molekülen wirken schwache Kräfte (b), die durch Wärmebewegungen zerstört werden können.

Die physikalischen Kräfte sind umso grösser:
- je grösser die Moleküle sind,
- je geringer ihr Abstand ist und
- je tiefer die Temperatur ist.

Der Aggregatzustand (gasförmig-flüssig-fest) der Kohlenwasserstoffe bei Raumtemperatur ist von der Zahl der C-Atome im Molekül abhängig:
- CH_4 Methan ist gasförmig,
- C_8H_{18} Oktan ist flüssig,
- Bitumen mit etwa 20 C-Atomen ist fest; aber bei Temperaturerhöhung leicht erweichbar, und
- Polyethylen mit über 1000 C-Atomen ist fest bis etwa 100 °C.

Monomere (Kunststoffvorstufen)

Die sogenannten Monomere werden aus Erdöl hergestellt, z.B. C_2H_4 Ethen oder altertümlich «Ethylen».
Sie haben im Gegensatz zu den gesättigten Kohlenwasserstoffen die Formel C_nH_{2n} und werden deshalb als ungesättigt bezeichnet. Sie besitzen energiereiche Doppelbindungen:

Gesättigt: $CH_3 - CH_3$ Ethan
Ungesättigt: $CH_2 = CH_2$ Ethen (Ethylen)

Weitere wichtige Monomere entstehen, wenn ein H-Atom in Ethen durch eine andere Gruppe ersetzt wird:

$CH_2 = CHCl$ Vinylchlorid
$CH_2 = CHC_6H_5$ Styrol

Polymere (Kunststoffe)

Die Polymere werden aus den Monomeren hergestellt. Diese chemische Reaktion erfolgt bei den vorgeformten Kunststoffen in der Fabrik und bei den nicht vorgeformten auch an Ort und Stelle.

Die wichtigste chemische Reaktion, die aus Monomeren die Polymeren herstellt, heisst *Polymerisation*. Dabei wird die energiereiche Doppelbindung aufgebrochen, und es entsteht ein langes, fadenförmiges Makromolekül:

$CH_2 = CH_2 + CH_2 = CH \longrightarrow -CH_2-CH_2-CH_2-CH_2-$

Ethylen   Polyethylen PE

Analog entstehen z.B. aus

Vinylchlorid $\longrightarrow$ Polyvinylchlorid PVC
Styrol $\longrightarrow$ Polystyrol PS

Kunststoffe aus verschiedenen Monomeren heissen *Copolymere*.

Kunststoffe aus Fadenmolekülen heissen *Thermoplaste*. Zwischen den Makromolekülen wirken nur schwache, physikalische Kräfte. Diese können durch Wärme und Lösungsmittel zerstört werden.

Durch chemische Vernetzung der Fadenmoleküle entstehen sogenannte *Elastomere und Duromere*.

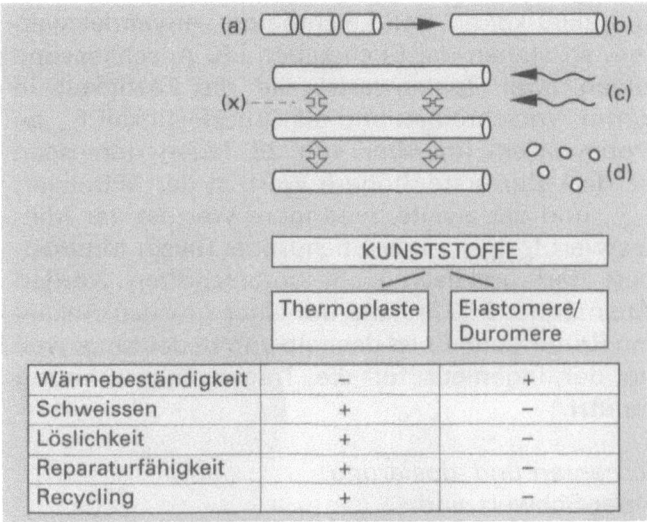

Darstellung der Polymerisation aus Monomeren (a) zu Polymeren (b). Auflösung der zusammenhaltenden Kräfte (x) bei Thermoplasten durch Wärme (c) und Lösungsmittel (d). Bei Elastomeren und Duromeren bedeutet (x) starke chemische Bindung.

2.6 Organische Baustoffe

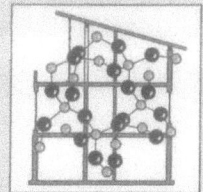

2.6.2 Hochmolekulare Baustoffe am Bau

Holz

Holz setzt sich aus folgenden hochmolekularen Substanzen zusammen:
- Cellulose, Gerüstsubstanz (Bewehrung), 40 bis 55 %
- Hemicellulose, von Schädlingen angreifbar und
- Lignin, Kittsubstanz (Bindemittel), kann herausgelöst werden (gibt braune Flecken).

Im Vergleich zu den synthetischen Kunststoffen sind folgende spezifische Holzeigenschaften zu beachten:
- Gute Diffusionsdurchlässigkeit.
- Erneuerbar.
- Hydrophil, grosse Wasseraufnahme; wenn wasserhaltig, Zerstörung durch Organismen.
- Eigenschaften richtungsabhängig.

Holz ist ein lebendes Material. Sorgfalt und Sensibilität sind beim Umgang mit ihm wichtig. Wir wissen, dass die Stärken des Baustoffes Holz umgekehrt auch die Ursachen seiner Schwächen sind und dass deshalb bei seiner Verarbeitung die physikalischen und biologischen Eigenschaften beachtet werden müssen.
Organischer Aufbau, Hygroskopizität, Brennbarkeit stellen Anforderungen und erfordern bestimmte Massnahmen.

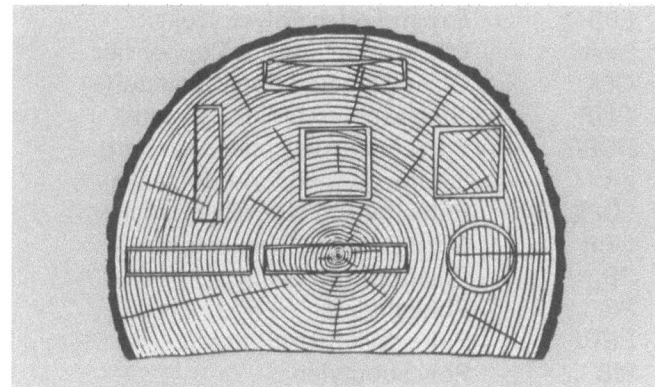

Verzerrung von Holzquerschnitten infolge Schwindens

Zur Zeit existieren keine schweizerischen Normen, welche Mindestanforderungen an spezifische Eigenschaften definieren. Die schweizerischen Werke produzieren im allgemeinen nach den entsprechenden DIN-Normen, welche den neuesten Stand der Technik in Deutschland und Westeuropa darstellen.

Holzwerkstoffe HWS [39]
- Kunstharzgebundene Platten mit geringen Mengen an Bindemittel von 5 bis 15 Masse-%.
- Anorganisch gebundene Platten mit den Bindemittelmengen von 30 bis 70 Masse-%.
- Spanplatten sind plattenförmige Werkstoffe, hergestellt durch Verleimen und Verpressen von Spänen aus Holz und/oder aus holzartigen Stoffen. Je nach Anwendungsbereich werden geeignete, unterschiedliche Bindemittel eingesetzt.
- Holzfaserplatten sind plattenförmige Werkstoffe, die durch Verbinden von Fasern aus Holz mit oder ohne Bindemittelzusatz hergestellt werden.

Kunststoffe

Kunststoffe sind Werkstoffe nach Mass. Typisch sind:
- Geringes Gewicht,
- mit UV-Stabilisator gute Lichtbeständigkeit,
- gute Beständigkeit gegen Wasser, Salzlösungen und Säuren,
- leichte Formgebung und
- gute thermische und elektrische Isolation.

Besonders zu beachten sind:
- Grosse Abhängigkeit der mechanischen Eigenschaften von Belastungsart, Belastungshöhe, Temperatur und Zeit: Kriechen.
- Hohe Elastizität, d.h. niedriger Elastizitätsmodul ($= {}^1\!/_{1000}$ E Stahl): Stabilitätsprobleme.
- Hoher Wärmeausdehnungskoeffizient und geringe Wärme- und Feuerbeständigkeit.
- Mögliche Alterung, insbesondere Versprödung.

Vergleich von rein mineralisch gebundenen Mörteln mit kunststoffmodifizierten Mörteln

Kunststoffe als Bindemittel erhöhen den Diffusionswiderstand eines Mörtels.

	Kohlendioxid-diffusions-widerstands-zahl	Wasserdampf-diffusions-widerstands-zahl
Zementmörtel	300 – 400	70 – 75
Kunststoffmodifizierter Zementmörtel (Reprofiliermörtel)	2'000 – 5'000	300 – 400
Kunststoffmodifizierter Zementmörtel (Flächenspachtel)	80 – 10'000	500 – 1'000
Beton	400 – 500	70 – 80

Vergleich Mineralische Baustoffe/Kunststoffe

2. Baustoffe

2.6 Organische Baustoffe

Einsatz kunststoffmodifizierter und kunststoffgebundener Mörtel

	ET [°C]	FT [°C]	Z [°C]
Polyethylen je nach Sorte	−20 bis −40	90 bis 140	≈ 250
PVC hart	+ 60	150	> 200
PVC weich	− 20	90	180

ET = Erweichungstemperatur
 = Übergang hart-thermoelastisch
FT = Fliesstemperatur
 = Übergang thermoelastisch-thermoplastisch
Z = Zersetzungstemperatur

Übergangstemperaturen von Thermoplasten

2.6.3 Vorgeformte Kunststoffe

Thermoplaste (aus Fadenmolekülen)
Es gibt grundsätzlich drei Arten von Thermoplasten:
- Harte,
- weich innerlich und
- weich äusserlich.

Wenn die einzelnen Fadenmoleküle in engem Kontakt stehen, sind die physikalischen Kräfte gross und der Kunststoff ist hart, z.B. Einsatz von PE hart für Rohre.

Thermoplaste *weich innerlich* entstehen, wenn im Fadenmolekül Seitenketten eingebaut werden, die als Abstandshalter wirken; z.B. bei der Folie Sarnafil T [57] handelt es sich um PE weich innerlich.

Durch Zugabe von kleinen Molekülen, den Weichmachern, entstehen die Sorten *weich äusserlich*; z.B. ist die klassische Sarnafil-Folie PVC weich äusserlich [57].
Der Weichmacher kann mit der Zeit verdunsten, beim Schweissen ausgetrieben werden oder beim Kontakt mit anderen Thermoplasten in diese hineinwandern. Der Weichmacherverlust führt zu einer Versprödung.

Elastomere/Duromere
Elastomere und Duromere entstehen, wenn ungesättigte Thermoplaste (Komponente 1) mit reaktionsfähigen Molekülen, dem Härter (Komponente 2), chemisch vernetzt werden. Wichtige Elastomere sind:
- die Epoxide EP (Kleber, Beschichtungen),
- Polyurethane PUR (Wärmedämmung) und
- ungesättigten Polyester UP (Beschichtungen).

Sie sind nicht mehr löslich (nur quellbar) und nicht schweissbar. Sie sind wärmebeständiger. Die Reparatur und das Recycling bereiten Schwierigkeiten.

Elastomere	
Übergang hart-elastisch bei	− 30 °C
Zersetzung bei	130 °C
Duromere	
Zersetzung bei	≈ 200 °C

Übergangstemperatur von Elastomeren/Duromeren

Abkürzung	Stoffbezeichnung
ABS	Acrylnitril-Butadien-Styrol
CPE	Chloriertes Polyethylen
CR	Chloropren-Kautschuk
EAC	Ethylen-Acrylsäureester-Copolymer
EPDM	Ethylen-Propylen-Kautschuk
EPS	Expandiertes Polystryrol
EVA	Ethylen-Vinylacetat-Copolymer
GFK	Glasfaserverstärkte Kunststoffe
GUP	Glasfaserverstärkte Polyester
HDPE	Polyethylen high density (hart)
IIR	Isopren-Isobutylen-Kautschuk
LDPE	Polyethylen low density (weich)
NBR	Nitril-Butadien-Kautschuk
PB	Polybuten
PE	Polyethylen
PET	Polyethylenterephthalat
PIB	Polyisobutylen
PIR	Polyisocuyanurat
PMMA	Polymethylmetacrylat
PP	Polypropylen
PS	Polystyrol
PUR	Polyurethan
PVC	Polyvinylchlorid
UF	Harnstoff-Formaldehyd-Harz
XPS	Extrudiertes Polystyrol

Bezeichnung der Kunststoffe

2.6 Organische Baustoffe

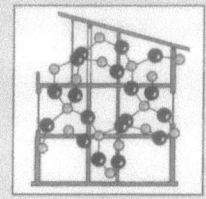

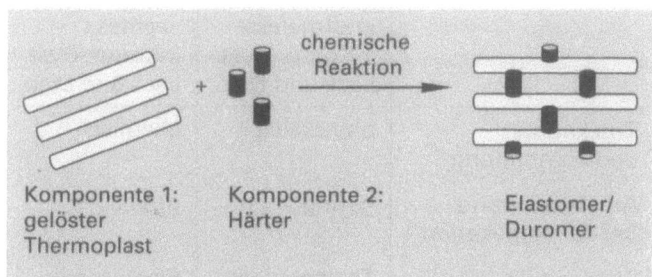

Vernetzung ungesättigter Thermoplaste mit einem Härter

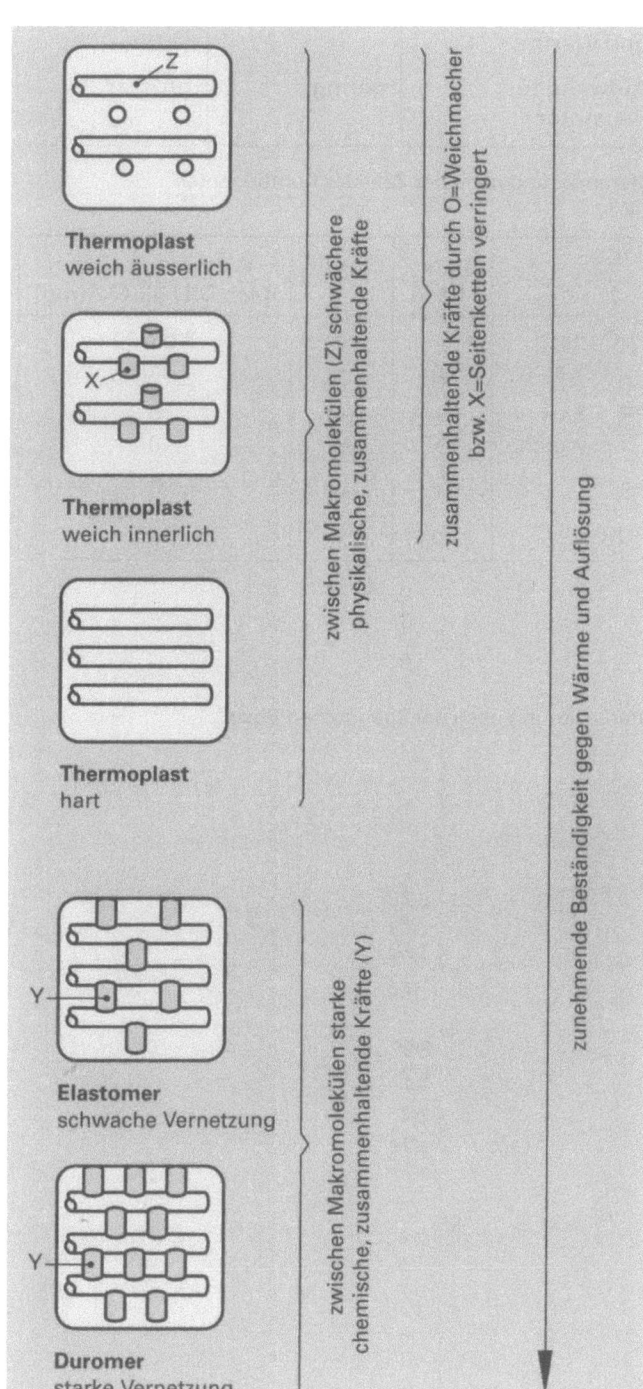

Vergleich: Thermoplaste/Elastomere

2.6.4 Nichtvorgeformte Kunststoffe: Kunststoffgebundene Feinstmörtel

Beschichtungen (Anstriche), Fugenmassen (Anhang 3.13), Kleber, Reparaturmörtel usw., die kunststoffgebunden sind, werden hier allgemein als kunststoffgebundene Feinstmörtel bezeichnet und werden deshalb im Folgenden gesamthaft behandelt. Die Unterscheidung erfolgt nach Verteilungsgrad des Kunststoffes, nach der Anzahl der Komponenten und nach der chemischen Basis.

Mörtel	kunststoff-modifiziert	kunststoff-gebunden
Bindemittel	Mineralisch	**Kunststoff**
Anmachmittel	Wasser	Organische Lösungsmittel/ Wasser
Zuschlag	**Kunststoff**, Sand usw.	Sand usw.

Bestandteile von Mörteln

Differenzierung nach dem Verteilungsgrad (Dispersitätsgrad) des Kunststoffes

Typ Lack
- Der Kunststoff ist echt gelöst in einem organischen Lösungsmittel.
- Stark verdünnter Lack heisst Primer, Haftgrund usw.
- Vorteile: Gute Haftung auf porösem Untergrund, schnelles Trocknen, auch bei tiefen Temperaturen einsetzbar, diffusionsdicht (μ etwa 50'000).
- Nachteile: Hygienisch und ökologisch bedenklich. Sperrschicht für Wasserdampf. Werkzeuge müssen mit organischen Lösungsmitteln gereinigt werden.

Typ Dispersion
- Fein gemahlener Kunststoff wird mit Hilfe eines sogenannten Tensides (Oberflächenentspannungsmittel) im Wasser verteilt.
- Vorteile: Weniger diffusionsdicht (μ etwa 30'000). Hygienisch und ökologisch unbedenklicher.
- Nachteile: Mässige Haftung, die mit Primer, Haftgrund usw. verbessert wird. Nicht bei tiefen Temperaturen einsetzbar. Trocknet langsam.

Als Kompromiss werden Lackdispersionen angeboten, bei denen der Anteil an organischem Lösungsmittel vollständig oder teilweise durch Wasser ersetzt wird.

2. Baustoffe

2.6 Organische Baustoffe

	Lack	Dispersion
Diffusionsdurchlässigkeit	gering	gut
Eindringen in porösen Untergrund	gut	geringer
Haftfähigkeit	gut	geringer
Anforderungen an den Untergrund	trocken	mässige Feuchte zulässig, > 5 °C
Aufwand für die Untergrundvorbereitung		meist grösser

Differenzierung nach dem Dispersitätsgrad

Differenzierung nach der Zahl der Komponenten

Einkomponentensystem
- Das Endprodukt ist ein Thermoplast.
- Vorteile: Geringer Arbeitsaufwand.
- Nachteile: Mässige Beständigkeit gegen Wärme und Lösungsmittel.

Zweikomponentensystem
- Das Endprodukt ist ein Elastomer/Duromer.
- Vorteile: Gute Beständigkeit gegen Wärme und Lösungsmittel.
- Nachteile: Grosser Arbeitsaufwand: Gute Vermischung im richtigen Verhältnis nötig (chemische Reaktion). Arbeitsschutzmassnahmen erforderlich.

Kompromisse
a) Einkomponentensystem härtend:
   Luftfeuchtigkeit oder Luftsauerstoff wirkt als Härter.
   - Vorteile: Geringer Arbeitsaufwand
   - Nachteile: Härtung bei dicken Schichten nicht gewährleistet, es entsteht ein falsches Festigkeitsgefälle.
b) Ungesättigte Polyester:
   Das Lösungsmittel ist der Härter, die Reaktion wird mit einem Katalysator gestartet.

Differenzierung nach der chemischen Basis
Ist nur bedeutsam, wenn eine Beständigkeit gegen bestimmte Stoffe nötig ist.

Übersicht über das Angebot bei Feinstmörteln
Nebenstehende Darstellung gibt einen Überblick über das grundsätzliche Angebot an kunststoffgebundenen Feinstmörteln. Aufgrund des Verteilungsgrades des Kunststoffes im Anmachmittel ergeben sich die Hauptgruppen Typ Lack und Typ Dispersion.

	«normales» 1-Komp.-Syst. Lack und Disp.	«echtes» 2-Komp.-Syst. Lack und Disp.
Trocknung und Filmbildung	physikalisch	chemisch
Arbeitsaufwand bei der Applikation	gering	gross
Endprodukt	Thermoplast	Elastomer/Duromer
Beständigkeit gegen Auflösung und Wärme	beschränkt	gut
Aufwand für Reparatur	gering	grösser

Differenzierung nach der Zahl der Komponenten

		starke Base	Benzin	Wasseraufnahme nach DIN 53 472 [mg]
PVC	hart	+	+	3 bis 20
	weich	p	–	20
PE	hart	+	(+)	0
	weich	+	–	0
PS		+	p	0
PUR		p	+	100

+ beständig
– unbeständig
p partiell beständig

Differenzierung nach der chemischen Basis

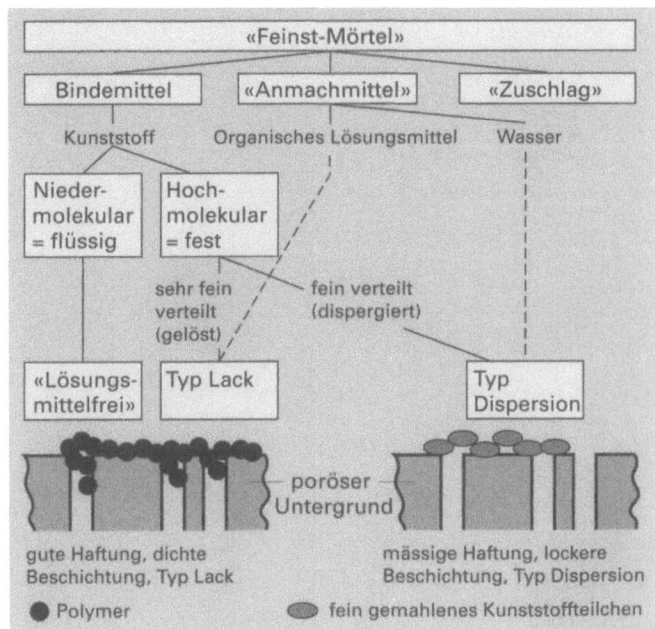

Übersicht über das Feinstmörtelangebot

2.6 Organische Baustoffe

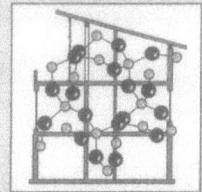

«Lackdispersionen»
Die Eigenschaften von sogenannten Lackdispersionen, Wasserlacken usw. liegen zwischen denen der eigentlichen Lacke und der Dispersionen. Im Hinblick auf den Schutz der Atmosphäre und Stratosphäre sollte der Einsatz der eigentlichen Lacke eingeschränkt werden.

Haftgründe, Primer
Die Haftung eines Feinstmörtels (Beschichtung, Fugenmasse usw.) Typ Dispersion kann verbessert werden, wenn vorgängig ein Primer eingesetzt wird.
Dabei handelt es sich im Prinzip um einen verdünnten Lack. Dieser kann sich im Gegensatz zur Dispersion im Untergrund besser verankern. Nach dem Prinzip «gleich und gleich gesellt sich gern» haftet die Dispersion besser auf dem Lack als z.B. auf einem mineralischen Untergrund. Probleme ergeben sich, wenn zuviel Primer aufgetragen wird. Die entstehende Lackschicht kann durch eine Wasserdampfdiffusion abgestossen werden.

2.6.5 Ökologische Aspekte

Öko-Begleitung eines Bauprojektes [10]
Problem: Die Praxis der Materialwahl im Hochbau unter gesamtökologischen Gesichtspunkten ist noch wenig weit fortgeschritten. In vielen Bereichen fehlen die Grundlagen zur Beurteilung der Umweltbelastung bei der Herstellung, der Verarbeitung, beim Gebrauch und bei der Entsorgung von Baumaterialien.

Massnahmen: Bei der Planung und Ausführung eines konkreten Umbau- oder Neubauprojektes sind die ökologischen Anforderungen zu berücksichtigen.

Einschränkung lösungsmittelhaltiger Klebstoffe
Problem: Die Verwendung von Klebstoffen auf der Basis organischer Lösungsmittel im Hochbau ist ein sicherheitstechnisches und lufthygienisches Problem. In vielen Anwendungsbereichen sind sie durch Dispersionskleber ersetzbar. Dabei ist zu beachten, dass der Trocknungsvorgang langsamer erfolgt.

Massnahme: Der Einsatz von Klebstoffen auf der Basis organischer Lösungsmittel ist nach Möglichkeit in allen Anwendungsbereichen (insbesondere bei Wand- und Bodenbelägen, Deckenverkleidungen) zu vermeiden.

Einschränkung chemischer Holzschutzmittel
Problem: Die vorbeugende Anwendung von Holzschutzmitteln mit bioziden Wirkstoffen ist bei Bauteilen mit ständig trockenen Bedingungen (Täfer, Bodenbeläge und Konstruktionshölzer im Innenraum) nicht notwendig (EMPA-Richtlinie «Holzschutz im Bauwesen») [61].

Massnahmen: Bei der Vergabe von Schreiner- und Zimmermannsarbeiten sind die entsprechenden Einschränkungen in der Anwendung von Holzschutzmitteln verbindlich festzulegen. Bei Aussenanwendungen kann das Holz z.B. auch durch konstruktive Massnahmen geschützt werden (Vordach).

Ökologische Richtlinien für Malerarbeiten
Problem: Erfahrungsgemäss liegt bei diesen Produktegruppen ein grosses Sparpotential an umweltgefährdenden Stoffen (Lösungsmittel, Schwermetalle).

Massnahme: Bei der Vergabe von Malerarbeiten sind für die verantwortlichen Architekten Richtlinien zu erarbeiten, welche die ökologischen Anforderungen nach den Hauptanwendungsgebieten der Materialien definieren.

Förderung des Einsatzes von Recycling-Baustoffen
Problem: Die Verwendung von Recycling-Materialien ist noch wenig bekannt und in der Praxis wenig erprobt.

Massnahme: Die verantwortlichen Architekten und Baufachleute sollten sich regelmässig über den Markt und die Anwendungsgebiete von Recycling-Materialien informieren (Papier- und Raufasertapeten aus Altpapier, Schaumglas aus Altglas, Wärmedämmstoffe aus Altpapier, Recylingbeton usw.).

Schweizerische Stoffverordnung [3]
Das Giftgesetz regelt den Verkehr mit gefährlichen Stoffen. In der Schweiz unterscheidet man 5 Giftklassen. (1: Sehr gefährliche Stoffe; 5: Geringe Gefährdung).
Ziele der schweizerischen Stoffverordnung, die als wichtige Ergänzung des Chemikalienrechts zu betrachten ist, sind:
- Schutz der Menschen, Tiere, Pflanzen, ihrer Lebensgemeinschaften und Lebensräume sowie des Bodens.
- Vorsorgliche Begrenzung der Belastung der Umwelt mit umweltgefährdenden Stoffen.

Folgende Erzeugnisse bedürfen einer Zulassungsbewilligung:
- Antifoulings (Fäulnishemmer), Bewilligungsbehörde BUWAL.
- Holzschutzmittel, Bewilligungsbehörde BUWAL.

2. Baustoffe

2.7 Bautenschutz

2.7.1 Übersicht

Bautenschutz

Eine aktuelle, vertiefte Übersicht ist in den Bänden «Schutzsysteme» und «Betoninstandsetzung» des IP-Bau enthalten [33, 34].

Bauten-Schutz = Fernhalten des Wassers
- Konstruktiv (Vordach usw., Anhang 3.9)
- Chemischer Bautenschutz (Hydrophobierung usw., Anhang 3.15).

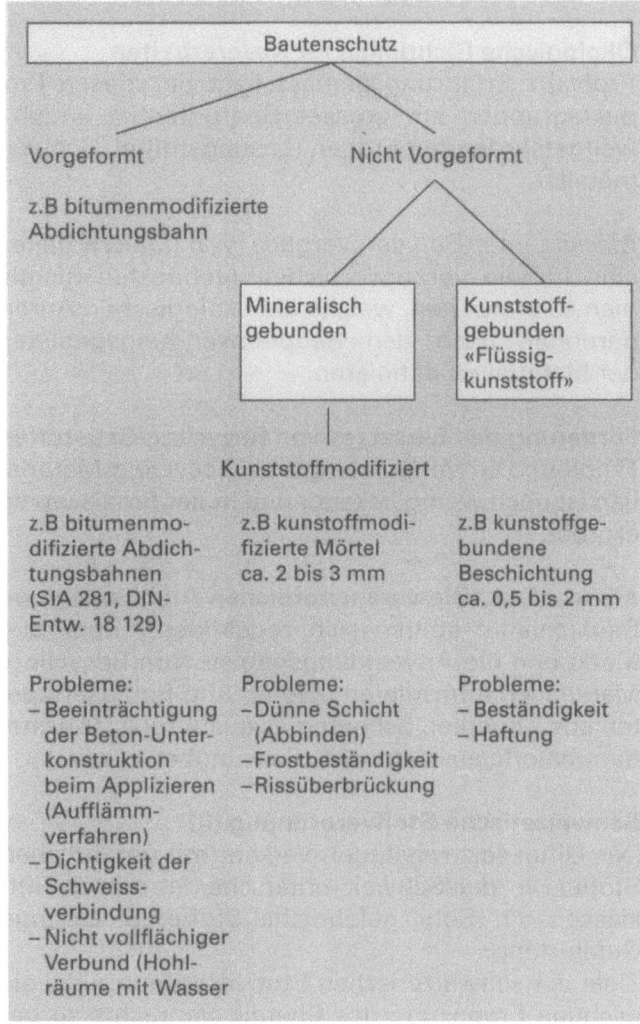

Übersicht Bautenschutzmassnahmen

Silikone

Siliziumorganische Verbindungen enthalten neben Kohlenstoff auch Silizium im Molekül. Sie vereinigen damit Eigenschaften von mineralischen Baustoffen mit denjenigen von Kunststoffen. Sie werden auch zur Hydrophobierung eingesetzt. Man unterscheidet:
- Kieselsäureester, bei denen sich der organische Teil verflüchtigt, und
- Silikone, Siloxane.

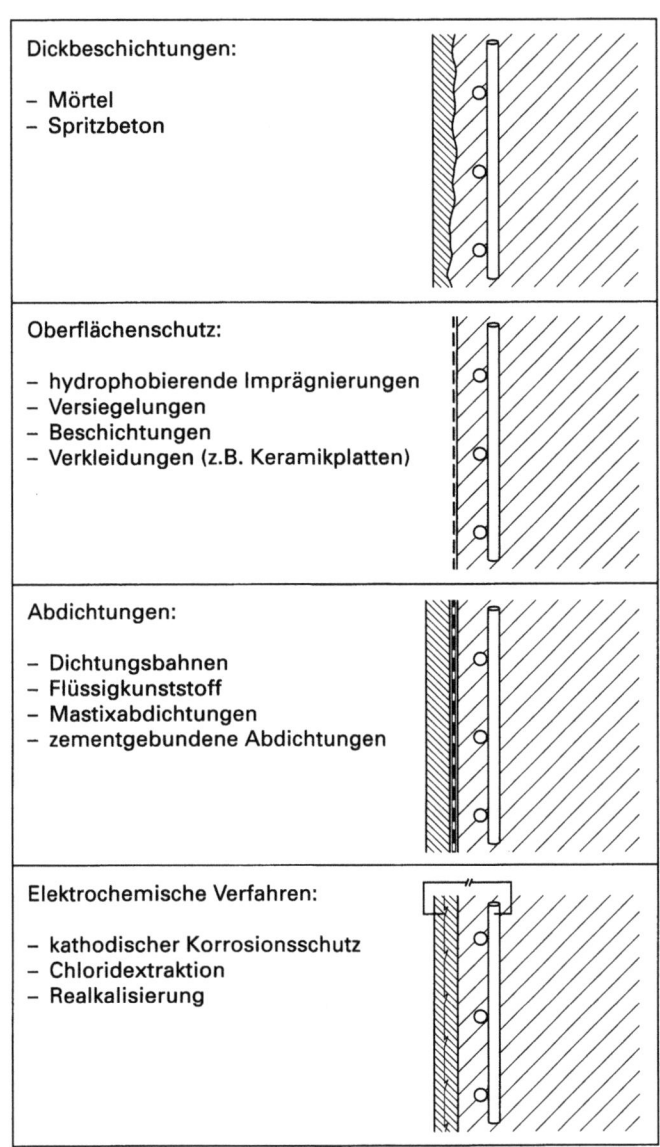

Art der Schutzsysteme [33]

2.7.2 Oberflächen-Schutzsysteme (Anhang 3.15)

Man unterscheidet:
- Nichtvorgeformte Kunststoffbeschichtungen und Sperrschichten (z.B. gegen aufsteigende Mauerfeuchtigkeit): Imprägnierungen, Versiegelungen und Beschichtungen und
- Vorgeformte Beschichtungen (Dichtungsbahnen).

Hydrophobierung/Imprägnierung

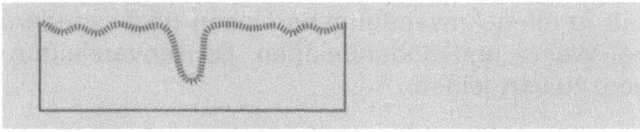

Hydrophobierung (Silikon/Silan: nicht filmbildende Imprägnierung)

2.7 Bautenschutz

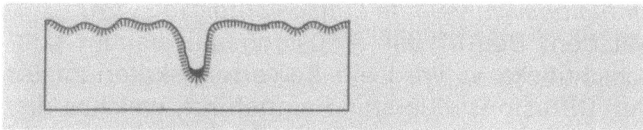

Filmbildende Imprägnierung < 50 mm
a) Acrylat: Vertikal/Fassaden.
b) Epoxid/PU: Horizontal/Boden.
 Teilausfüllen der Poren sowie nicht durchgehender hauchdünner Film auf der Oberfläche und auf den Wandungen der nicht ausgefüllten Porenbereiche.

Versiegelung/Anstrich 0,1 bis 0,3 mm

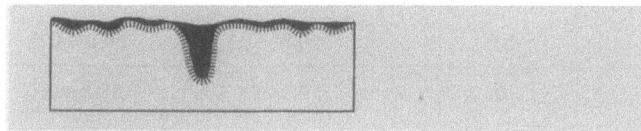

a) farblos
b) farbig (pigmentiert)
 Ausfüllen der Poren und durchgehender Film auf der Oberfläche bis 0,3 mm.

Beschichtung

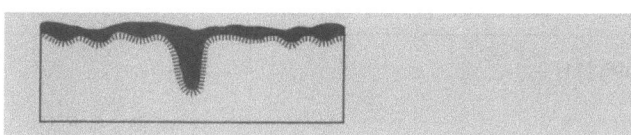

Dünne Beschichtung (pigmentiert) 0,3 bis 1,0 mm, gleichmässige Schicht auf der Oberfläche, die allen Unebenheiten folgt. Grundierung erforderlich.

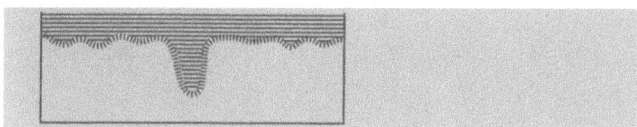

Dicke Beschichtung/Verlaufsmörtel 1,0 bis 5,0 mm durchgehende Schicht an der Oberflächen, Unebenheiten werden ausgeglichen, Grundierung erforderlich.

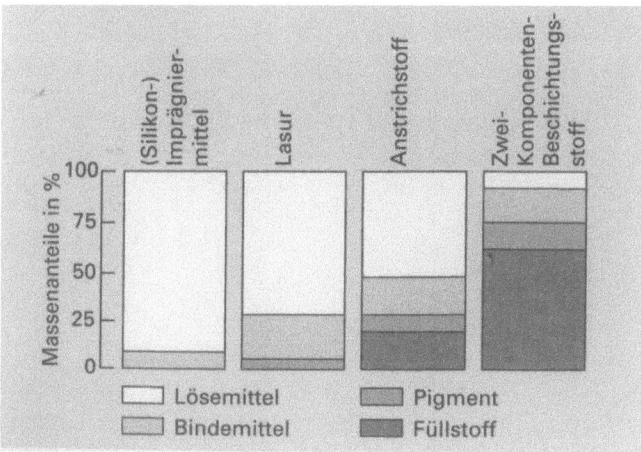

Mischungsverhältnisse von Imprägniermitteln, Lasuren, Anstrich und Beschichtungsstoffen

Abgrenzung zwischen Bitumen-Dichtungsbahnen (BD), Polymerbitumen-Dichtungsbahnen (PBD) und Kunststoff-Dichtungsbahnen (KDB):
Gemäss SIA 271 («Flachdächer») [20] und SIA 281 («Bitumen- und Polymerbitumen-Dichtungsbahnen») [41] gilt:
- BD werden dreilagig verlegt,
- PBD jedoch nur zweilagig und
- KDB nur einlagig.

Bitumen-Dichtungsbahnen:
Gemäss SIA 281 bestehen BD aus Oxidationsbitumen sowie evtl. mineralischen Beimengungen und einer oder mehrerer darin eingebetteten Trägereinlagen.

Polymer-Bitumen-Dichtungsbahnen:
Gemäss SIA 281 bestehen PBD aus einer Mischung von Bitumen und Polymeren sowie evtl. mineralischen Beimengungen und einer oder mehreren darin eingebetteten Trägereinlagen.

Kunststoff-Dichtungsbahnen:
Gemäss SIA 280 [40] gilt: «KDB» sind fabrikmässig hergestellte, flexible Bahnen, in Rollenform geliefert oder zu Planen in der Fabrik vorkonfektioniert. Sie dienen der Abdichtung von Bauwerken.
In der SIA 280 erfolgt die Abgrenzung der KDB von kunststoffmodifizierten Dichtungsbahnen:
- KDB unterscheiden sich von kunststoffmodifizierten BDB dadurch, dass sie nicht aus einem Trägermaterial bestehen, das mit Bitumen (oder kunststoffmodifiziertem Bitumen) imprägniert, und/oder mit Deckmassen aus Bitumen (oder kunststoffmodifiziertem Bitumen) beschichtet wird.

Die Abgrenzung zwischen den PBD und den KDB in obigen Normen erfolgt also in erster Linie aufgrund der Art der Herstellung.

2.7.3 Fassadenbeschichtungen

Beurteilung der Materialeigenschaften

Wasseraufnahmekoeffizient w [kg/(m² · √h)]
Für die pro Flächeneinheit aufgenommene Wassermenge m_w [kg/m²] gilt:

$$m_w = w \cdot \sqrt{t} \qquad (t = Zeit)$$

- mit $w \leq 2,0$ kg/(m² · √h) als wasserhemmend
- mit $w \leq 0,5$ kg/(m² · √h) als wasserabweisend
- mit $w \leq 0,001$ kg/(m² · √h) als wasserdicht

2. Baustoffe
2.7 Bautenschutz

Diffusionswiderstandszahl μ [–]
Als ausschliesslich materialbezogene Grösse reicht die Zahl μ allerdings nicht aus, um die Wirksamkeit einer diffusionshemmenden Massnahme hinreichend zu beschreiben; denn verständlicherweise muss in diese Betrachtung auch die Schichtdicke d des als Gasbremse wirkenden Anstrichs oder Bauteils eingehen.

Diffusionsäquivalente Luftschichtdicke s_d [m]
Mit dem Begriff der diffusionsäquivalenten Luftschichtdicke s_d wird ein Bewertungskriterium für den Diffusionswiderstand eingeführt, welches diesem Umstand Rechnung trägt.

$$s_d = \mu \cdot d \; [m]$$

Massnahme		Schichtdicke d [μm]	$s_d^{(CO_2)}$ [m]	$s_d^{(H_2O)}$ bei relativer Luftfeuchte 50 bis 100 % [m]	w [kg/(m² · √h)]
• Imprägnierung mit:	– Silan, Siloxan, Silikon	~ 0	~ 0	0 bis 0,1	0,005 bis 0,1
	– gelöstem Polymerisatharz	~ 0	< 5,0	< 0,5	0,5 bis 0,1
• Lasur mit:	– Silikatfarbe	~ 50	~ 0	< 0,1	0,15 bis 3,0
	– gelöstem Polymerisatharz	~ 50	0,1 bis 20	0,3 bis 0,6	~ 0,05
• Deckender Anstrich mit Kunstharzdispersion		~ 150	0,5 bis 100	0,1 bis 0,3	0,05 bis 0,1
• Silikatfarbe		100 – 150	0,5 bis 1,0	< 0,1	0,15 bis 3,0
• Silikatfarbe mit:	– gelöstem Polymerisatharz	~ 100	10 bis 300	0,5 bis 1,5	~ 0,05
	– Polyurethan	100 bis 150	50 bis 500	1,0 bis 5,0	0,005 bis 0,02

Eigenschaften von Fassadenbeschichtungen für mineralische Baustoffe [11]

Karbonatisierungs-Schutz
Soll ein Fassadenanstrich als wirksamer Schutz gegen die weitere Karbonatisierung des Betons angesehen werden, so ist nach vorherrschender Auffassung zu fordern, dass seine äquivalente Luftschichtdicke gegenüber eindiffundierendem CO_2 mindestens

$$s_d^{(CO_2)} = 50m$$

beträgt.

Wasserdampfdiffusion
Bei einer vollflächigen Beschichtung raumabschliessender Bauteile besteht unter gewissen Umständen die Gefahr, dass es durch die gleiche Massnahme, die CO_2 und andere Schadgase von aussen fernhalten soll, zu einer Behinderung des Wasserdampftransports von innen nach aussen und in deren Folge zur Tauwasserbildung in der Grenzfläche des Anstrichfilms zum Untergrund kommt.
Um diese auszuschliessen, sollte der Anstrichfilm, sofern kein genauer rechnerischer Nachweis geführt wird, gegenüber Wasserdampfdiffusion folgender Zusatzbedingung genügen:

$$s_d^{(H_2O)} \leq 4m$$

2.8 Optimale Materialwahl

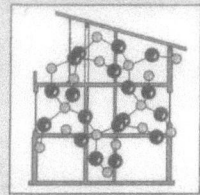

Probleme bei der Materialwahl
Bei der Kombination verschiedener Materialien, gemäss folgender Tabelle, können u.a. die nachstehend beschriebenen Schwierigkeiten entstehen. Einer optimalen Materialwahl kommt deshalb grosse Bedeutung zu.

	Metalle	mineralische Baustoffe	Kunststoffe
Metalle	(1)	(2)	(3)
mineralische Baustoffe	–	(4)	(5)
Kunststoffe	–	–	(6)

Kombinationsmöglichkeiten für Baustoffe

(1) Metall/Metall: Wegen Korrosionsgefahr darf bei einer direkten Metallkombination der Abstand in der Spannungsreihe nicht zu gross sein, und die Kathodenfläche soll im Vergleich zur Anodenfläche klein sein.

(2) Metalle/mineralische Baustoffe: Insbesondere Aluminium und Zink sind empfindlich gegen Basen. Basen werden durch alle feuchten, kalziumhydroxidenthaltenden Baustoffe (Kalk, hydraulischer Kalk, Portlandzement) abgegeben.

(3) Metalle/Kunststoffe: Metalle müssen durch diffusionsdichte Lacke oder Pulverbeschichtungen vor Wasser und elektronenentziehenden Substanzen geschützt werden.

(4) Mineralische Baustoffe/mineralische Baustoffe: Eine nachträgliche Einwirkung von gipshaltigem Wasser führt zu einem zerstörenden Gipstreiben bei Beton. Glas wird durch Base aus mineralischen Baustoffen (z.B. Beton) getrübt.

(5) Mineralische Baustoffe/Kunststoffe: Mineralische Baustoffe werden in der Regel durch die diffusionsfähigen Dispersionen vor dem lösenden Wasser geschützt. Kunststoffe, die in Kontakt mit basischen Oberflächen kommen, müssen verseifungsbeständig sein.

(6) Kunststoffe, Holz/Kunststoffe: Nichtvorgeformte Kunststoffe vom Typ Lack können Thermoplaste lösen. Z.B. kann ein Kleber vom Typ Lack ein Wärmedämmaterial vom Typ Thermoplast (Polystyrol) lösen.

Vorsicht ist geboten, wenn Holz mit einer Beschichtung vom Typ Lack behandelt wird. Eingedrungenes Wasser darf nicht im Holz bleiben, da dieses sonst durch Mikroorganismen zerstört wird.

Eine optimale Materialwahl erfolgt durch einen Vergleich des zu erstellenden *Anforderungsprofils* für das gegebene Problem mit dem zur Verfügung stehenden *Angebot*.

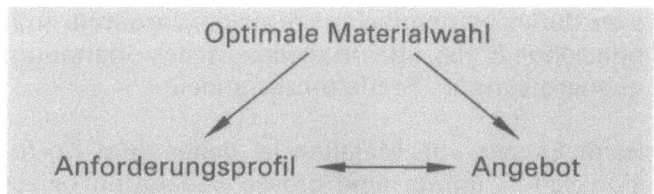

Das Anforderungsprofil ist zu gewichten, z.B. mit Wertungen von 6 bis 1 (6 = sehr wichtig).

Beispiel: Anforderungsprofil für einen Wärmedämmstoff

	Wertung
– Dauerhaft hydrophob	6
– Verrottungsbeständigkeit	5
– Wiederverwertbarkeit	3
– Problemlose Entsorgung	6

Für einzelne Fälle existieren Expertensysteme. Hier wird in sogenannten «Shells» Expertenwissen eingegeben.

Grenzen einer optimalen Materialwahl
Es ist ein Irrtum zu glauben, dass es für jede Konstruktion ein Material gibt, das alle Anforderungen erfüllen kann!
Schon einfache Details können evtl. nur mit einem Kompromiss gelöst werden. Ein Beispiel ist der Übergang eines Metalles in den Beton, z.B. bei einem Balkongeländer, einer Leitplanke usw. Wie man dieses Problem in materialtechnischer und konstruktiver Hinsicht optimal lösen kann, erkennen wir z.B. an den Fahrleitungsmasten.

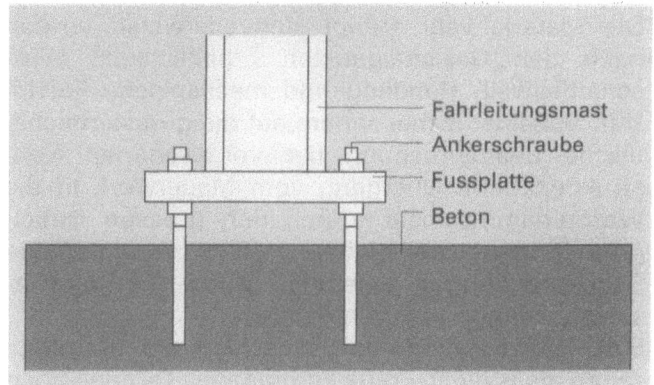

Verankerung von Fahrleitungsmasten im Beton

Beispiel 1: Metallanker
Korrosionstechnische Beurteilung der Aufhängekonstruktion einer hinterlüfteten Fassade.

2. Baustoffe

2.8 Optimale Materialwahl

Grundsätzliches
Bei der optimalen Materialwahl im Bereich der Metalle ist festzuhalten, dass es sich um Baustoffe mit einem grossen Energieinhalt handelt. Alle Metalle haben daher grundsätzlich das Bestreben, sich durch mannigfache Korrosionsvorgänge (mit oder ohne Einbezug von mechanischer Spannung) in energieärmere Stoffe umzuwandeln.

Beim Einsatz von Metallen ist daher dem Korrosionsschutz immer eine grosse Bedeutung beizumessen. Dabei sind die an Ort und Stelle auftretenden mechanischen und chemischen Belastungen nie bis in alle Details voraussehbar. Damit ergeben sich unseres Erachtens zwei wichtige Punkte beim zeitgemässen Einsatz von Metallen für obiges Problem:

- Kontrollmöglichkeit.
  Die Metallkonstruktion sollte von Zeit zu Zeit inspiziert werden können, damit ihr Zustand beurteilt werden kann.
- Austausch-/ Ergänzungsmöglichkeit.
  Im Schadensfall sollte die Möglichkeit bestehen, die einzelnen Elemente auszuwechseln oder durch zusätzliche Elemente zu ergänzen.

Im Idealfall wird die vorgesehene Konstruktion nach erfolgter Dimensionierung und Materialwahl während eines Jahrs in einer Klimakammer unter Lastwechsel und verschiedenen chemischen Einwirkungen überprüft.

Optimale Materialwahl für obiges Problem
Grundsätzlich ist festzuhalten, dass nach Möglichkeit die gesamte Metallkonstruktion (Anker- und Tragteil) aus demselbem Material bestehen sollte. Insbesondere ist von einer Kombination von Buntmetallen mit Stählen abzusehen.
Die Materialwahl erfolgt sinnvollerweise vorerst nach den Gesichtspunkten Erhältlichkeit, Wirtschaftlichkeit, Handling und mechanische Festigkeit. Dabei ist insbesondere auf die grosse mechanische Beanspruchung der vorgesehenen Konstruktion beim Übergang vom Mauerwerk in die Wärmedämmschicht (durch den grossen Hebelarm) hinzuweisen. Weitere, zeitlich veränderliche Beanspruchungen entstehen durch Temperaturschwankungen und Windkräfte.
Eine Konsultation der einschlägigen Kataloge zeigte, dass die in Frage kommenden Dimensionen sowohl in verzinktem Stahl als auch in Nichtrostendem Stahl erhältlich sein dürften.

Bei den Nichtrostenden Stählen ist dem sogenannten V4A der Vorzug zu geben. Dieser ist in chloridhaltiger Umgebung wesentlich beständiger.

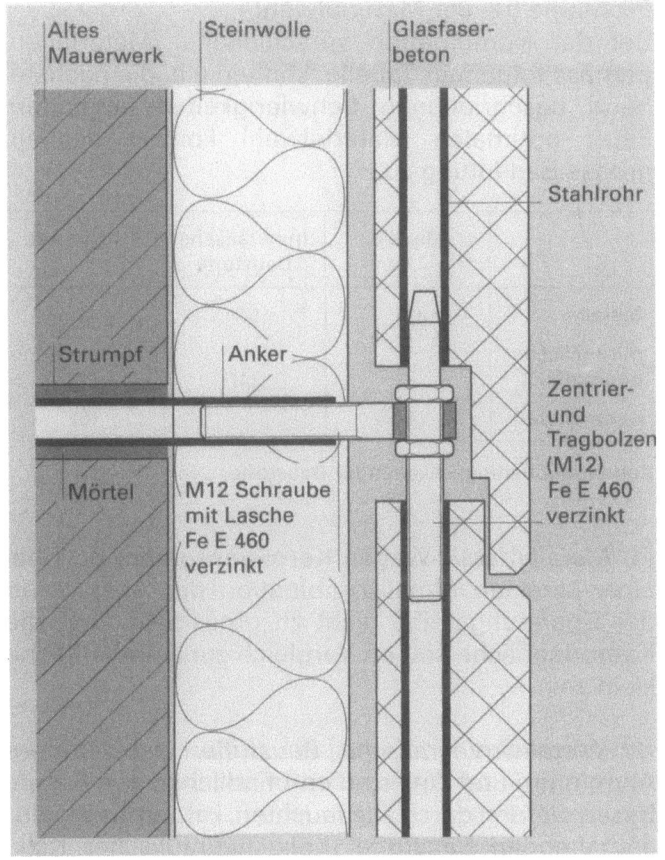

Vorgesehene Verankerung der Glasfaserbeton-Platten an der Fassade

Wahl von verzinktem Stahl (evtl. beschichtet)
Mit Vorteil wird ein qualitativ hochwertiger Stahl gewählt, wie z.B. Fe E 460 (Bezeichnung nach SIA 161 [42] bzw. EN 10025). Unterschiede in den Festigkeitseigenschaften der verzinkten Stähle gegenüber nichtrostenden Stählen wirken sich bei der Dimensionierung aus.
Für den verzinkten Stahl spricht der Umstand, dass in der Regel eine beginnende Korrosion auch durch Laien festgestellt werden kann. Dies gilt nicht für den Nichtrostenden Stahl, dessen Zustand durch Fachleute abgeklärt werden sollte.
Andererseits ist Nichtrostender Stahl im Idealfall dauerhaft korrosionsgeschützt, währenddem die Verzinkung im Verlaufe der Zeit zugunsten der Beständigkeit des Stahls «geopfert» wird.
Bei verzinktem Stahl ist im Schadensfall zu erwarten, dass sich das Ereignis langsam, z.B. in einer Verschiebung der Fassadenelemente, manifestiert. Es könnte somit rechtzeitig eingegriffen werden. Bei der insbesondere bei Nichtrostenden Stählen beobachteten Spannungsriss-Korrosion kann es im ungünstigsten Fall zu einem spontanen Bruch kommen (Anhang 3.6.3). Unter Beachtung der erwähnten Grundsätze (insbesondere Inspektionsmöglichkeit) und der subjektiven Gewichtung im Anforde-

2.8 Optimale Materialwahl

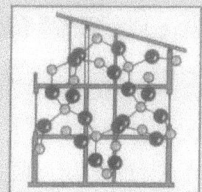

rungsprofil kann der Einsatz von verzinktem Stahl für obige Problemstellung als eine optimale Materialwahl bezeichnet werden.

Beispiel 2: Umweltprobleme bei Wärmedämmstoffen

Mögliche Umwelt-Beeinträchtigungen
Bei natürlichen und synthetischen Wärmedämmstoffen ist grundsätzlich eine Umweltbeeinträchtigung durch folgende Aspekte möglich:
- Grosser Energieinput bei der Herstellung (meist auf der Basis von Erdölprodukten, z.B. bei Steinwolle).
- Notwendige Zugabe von Flammschutzmitteln, Hydrophobierungsmitteln, Fungiziden usw.
- Probleme bei der Verarbeitung (Staub, Fasern) und Entsorgung.

Übersicht Wärmedämmstoffe

Bituminierte Holzfaserplatten
Enthalten den Problemstoff Bitumen, der toxische (eventuell kanzerogene) Stoffe abgeben kann.

Expandiertes Polystyrol EPS
Erdölprodukt. Grundsätzlich wenig problematisch. Evtl. problematisch bei Zugabe von Flammschutzmitteln. Nie FCKW-haltig.

Extrudiertes Polystyrol XPS
Erdölprodukt. Früher immer FCKW-haltig, wird heute mit CO_2 geschäumt.

Vorsicht: PS sind Thermoplaste und verursachen Probleme bei Kombination mit äusserlich weichgemachten Kunststoffen (Weichmacherwanderung) und bei lösungsmittelhaltigen Stoffen (Kleber).

Glaswolle
Künstliche Mineralfasern KMF. Alle KMF gelten als möglicherweise kanzerogen (krebserzeugend). Evtl. problematische Kunststoffe (mit Formaldehyd) als Binde- und als Hydrophobierungsmittel. Problem Glasfaserstaub.

Harnstoff-Formaldehyd-Schaum (HF)
Grundsätzlich problematisch (Formaldehyd, Entsorgung). Ähnlich: Phenol-Formaldehyd-Schaum.

Holzfaserplatten
Einheimische Nadelholzabfälle ohne Bindemittel.

Holzwolle Leichtbauplatten
Evtl. problematisches Kunststoff-Bindemittel (z.B. HF).

Kokosfaserplatten
Evtl. problematische Herstellung und Fungizide.

Kork rein, expandiert
Ressource beschränkt. Korkeiche kann nur im Mittelmeerraum gezüchtet werden. Evtl. Imprägnierungen.

Polyurethan-Schaum (PUR)
Erdölprodukt. Früher FCKW-haltig, wird heute z.B. mit CO_2 und Pentan geschäumt. Im Brandfall können giftige Gase entstehen. PUR zeigt eine niedrige Wärmeleitzahl (0,028 W/mK) bei guter Druckfestigkeit (0,15 N/mm^2) und als Elastomer/Duromer gute Verträglichkeit und Beständigkeit gegenüber allen Baustoffen (inkl. Bitumen).

PVC-Schaum
Erdölprodukt. Grundsätzlich eher problematisch, da chlorhaltig. Im Brandfall HCl-Abgabe und Korrosionsschäden.

Schaumglas
Unter dem Begriff «Glas» versteht man eine ohne Kristallisation erstarrte Ca/Na-Silikatschmelze. Einfache, ausreichend verfügbare Rohstoffe. Hoher Energieeinsatz bei der Herstellung, der in der KVA nicht zurückgewonnen wird. Zur Verklebung wird Bitumen benötigt. Direkter Kontakt mit Base meiden. Probleme bei der Entsorgung.

Schilfrohrplatten
Ressource beschränkt. In Europa wird neuerdings China-Schilf angebaut.

Schlackenwolle
Evtl. problematische, herauslösbare Stoffe.

Steinwolle
Ähnlich Glaswolle.

Zellulosedämmstoff
Recyclingprodukt aus Zeitungen. Evtl. bis 15 % Borsalzanteil wegen Feuerbeständigkeit. Borsalze waren früher weit verbreitet (Augenwasser). Sie gelten aber heute als toxisch. Sie könnten von Wasser herausgelöst werden, was spätestens bei der Deponie Probleme bringt. Ein weiteres Problem ist die Staubentwicklung beim Einbringen.

Beispiel 3: Korrosionsschutz der Bewehrung: Und sie rosten doch ... [26]

Die hohe Alkalität des Betons schützt im allgemeinen den Bewehrungsstahl vor Korrosion:
An der Oberfläche der Bewehrung bildet sich durch die Einwirkung der OH^--Ionen eine dichte Passiv-

2. Baustoffe

2.8 Optimale Materialwahl

	Immissionen		Emissionen	
	Hand-werker	Bewohner	Herstellung	Brand
Mineralische Faserstoffe				
– Glaswolle	F, S	F	TR	
– Steinwolle	F, S	F	TR	
Organische Faserstoffe				
– Zellulose	S	A, S	–	TR
– Holz	S	A	–	TR
– Kork	A	A	–	TR
Mineralische Schaumstoffe				
– Schaumglas	A	A	TR	
Organische Schaumstoffe				
– EPS		A	SM	TR
– XPS		A	SM	TR
– PUR	A	A	SM	TR

Mögliche Abgabe von Schadstoffen:
F = Formaldehyd [16]
A = andere Schadstoffe
 (Holzschutzmittel, Bitumen, Monomere)
S = Staub

Mögliche Auswirkungen von Schadstoffen:
TR = Treibhauseffekt
SM = Sommersmog

Mögliche Umweltbeeinträchtigung durch Dämmstoffe

schicht, die den weiteren Angriff verhindert. Soweit die Theorie (Abschnitt 2.5.3).
In der Praxis sind Stahlbetonteile gefährdet, die folgenden Einwirkungen ausgesetzt sind:
– Regen
– Frost, starken Temperaturwechseln
– Chloriden aus Streusalzen.

Hier drängen sich folgende Schutzmassnahmen auf:
– Höhere Betonüberdeckung
– Künstlich erzeugte Luftporen im Beton
– Erhöhung des Diffusionswiderstandes der Überdeckung gegen Chloride und CO_2
– Versiegelung oder Beschichtung der Betonoberfläche
– Verwendung verzinkter Bewehrungsstähle
– Kathodischer Korrosionsschutz
– Kunststoffbeschichtung der Bewehrung.

Diese Massnahmen garantieren leider nicht in allen Fällen einen sicheren Korrosionsschutz: So sind beispielsweise Versiegelungen und Beschichtungen von Betonoberflächen nicht sehr dauerhaft und können auftretende Risse nur ungenügend überbrücken.

Bei verzinkten Bewehrungsstählen lässt sich ein Chloridangriff im einbetonierten Zustand zwar kurzfristig hinauszögern, aber nicht unterbinden. Zudem treten bei nachträglichem Biegen verzinkter Stäbe Risse auf.

Gute Erfahrungen wurden teilweise mit dem kathodischen Korrosionsschutz gemacht. Sein Einsatz ist aber des hohen Aufwandes wegen auf Sonderbauwerke beschränkt.

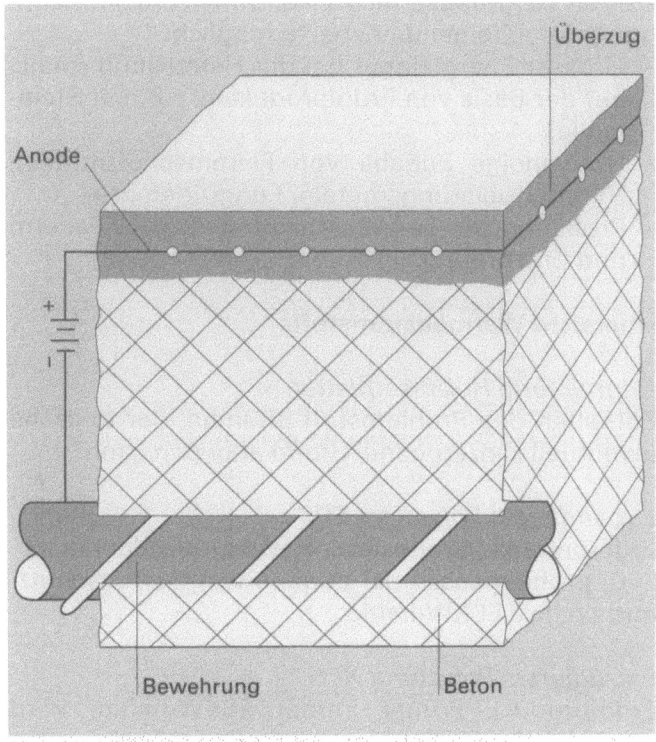

Kathodischer Korrosionsschutz

In den Vereinigten Staaten und in Kanada setzt man auf kunststoffbeschichtete Bewehrungen.

Korrosionsverhalten beschichteter Bewehrung [13]
Beim beschichteten Stahl bildet die Epoxidharzschicht eine physikalische Barriere gegen die korrosive Umgebung. Dies setzt allerdings eine dauerhafte Beschichtung mit hohem Wasser-, Sauerstoff- und Chlorid-Diffusionswiderstand voraus.
Zahlreiche Untersuchungen zeigen, dass diese Voraussetzungen gegeben sind. Dennoch muss auch bei epoxidharzbeschichteten Bewehrungen mit Korrosion gerechnet werden. Fehlstellen und mechanische Verletzungen lassen sich bei der Herstellung, beim Transport und Einbau selbst bei grösster Sorgfalt nicht vollständig verhindern.
Lochfrass, eine typische Korrosionsform chloridbeanspruchter Stahlbetonbewehrungen, tritt zwar auf, die Gesamtmenge des aufgelösten Stahls ist aber im Vergleich zum unbeschichteten Stahl min-

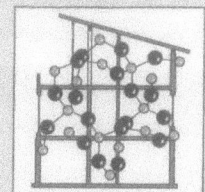

destens um den Faktor 10 geringer.
Seit Dezember 1991 gelten in der Schweiz die «Richtlinien zur Anwendung von epoxidharzbeschichteten Betonstählen» [27] des Bundesamtes für Strassenbau.

Kontrollverfahren und weitere Korrosionsschutzmöglichkeiten [35]
Die Überprüfung des Zustandes der Bewehrung kann mit einer Potentialmessung durchgeführt werden. Mit diesem Verfahren lässt sich bei Stahl- und Spannbetonbauteilen zerstörungsfrei feststellen, ob ein Korrosionsprozess abläuft und wo er stattfindet.

Es wird heute eine Vielzahl von indirekten Methoden angeboten, die dazu dienen sollen, die Bewehrungskorrosion in den Griff zu bekommen:
- Elektrochemische Eliminierung von Chlorid,
- chemische bzw. elektrochemische Realkalisierung,
- Einsatz von «chemischen» Korrosions-Inhibitoren.

Über die langfristige Bewährung dieser Methoden in der Praxis ist noch wenig bekannt.

3. Anhang

3.1 Abkürzungen, Einheiten und Umrechnungen, Gasgleichungen, Konstanten

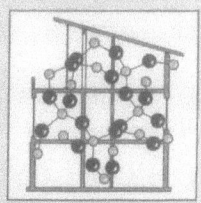

Abkürzungen

Kurzbezeichnungen für wichtige Zehnerpotenzen:

n	nano	10^{-9}	ein Milliardstel
µ	mikro	10^{-6}	ein Millionstel
m	milli	10^{-3}	ein Tausendstel
k	kilo	10^{3}	mal tausend
M	mega	10^{6}	mal eine Million
G	giga	10^{9}	mal eine Milliarde

Druckeinheiten
- SI-Einheit
  1 Pa (Pascal) = 1 N/m² = 1 kg m^{-1}s^{-2}
- weitere zugelassene Einheiten
  1 bar = 10^5 Pa = 10^5 N/m²
  1 mm Hg = 1,33322 · 10^2 Pa
- gesetzlich nicht mehr zugelassene Einheiten
  1 Torr = 1,33322 mbar = 1 mm Hg
  1 at = 1 kp/cm² = 0,980665 bar
  1 mm WS = 9,80665 Pa
  1 atm = 1,01325 Pa

Energie, Arbeit, Wärmemenge
- SI-Einheit
  1 J (Joule) = 1 Nm = 1 Ws
- weitere zugelassene Einheiten
  1 kWh = 3,6 MJ
  1 eV (Elektronenvolt) = 1,602189 · 10^{-19} J
- gesetzlich nicht mehr zugelassene Einheiten
  1 cal = 4,1868 J (1 kcal = 4,1868 kJ = 1,163 Wh)
  1 SKE (Steinkohleeinheit) = 29,3076 MJ
  ≙ mittlerer Energieinhalt von 1 kg Steinkohle
  1 ÖE (Öleinheit) = 41,868 MJ ≙ mittlerer
  Energieinhalt von 1 kg Mineralöl trocken

Normalzustand
(nach DIN 1343, 11.75: Normalzustand)
Ein Gas befindet sich im Normalzustand, wenn es die *Temperatur von 0 °C* und den *Druck 1,013 bar* hat.

Stoffmengen und Gaskonzentrationen
- 1 mol (Basiseinheit aus dem SI-System) ist die Stoffmenge eines Systems, das aus ebensoviel Einzelteilchen besteht, wie Atome in $^{12}/_{1000}$ Kilogramm des Kohlenstoffnukleids $^{12}_{6}C$ enthalten sind.
- 1 ppm (parts per million/Teile auf eine Million Teile) = 10^{-3} Vol-‰ = 10^{-4} Vol-%
- 1 ppb (parts per billion/Teile auf eine Milliarde Teile) = 10^{-3} ppm

Gasgleichungen

Allgemeine (universelle) Gasgleichung

$$p \cdot V = n \cdot R \cdot T$$

n Anzahl Mole Gas [mol]
R universelle Gaskonstante:
  8,31441 J mol^{-1} K^{-1} bzw. 0,08314 bar lMol^{-1} K^{-1}

$$p \cdot V = N \cdot k \cdot T$$

N Anzahl Gasteilchen [–]
k Boltzmann-Konstante: 1,38062 · 10^{-23} J K^{-1}

spezielle (individuelle) Gasgleichung

$$p \cdot V = m \cdot R_s \cdot T$$

m Masse Gas [kg]
R_s teilchenspezifische Gaskonstante [J kg^{-1} K^{-1}]
z.B.: H_2O 462 J kg^{-1} K^{-1}
      Luft   286,9 J kg^{-1} K^{-1}

Elementarladungen/Elementarmassen

Kern:	Proton	+1,6022 · 10^{-19} As
		1,6725 · 10^{-27} kg bzw.
		1,007276 AME
	Neutron	neutral
		1,6748 · 10^{-27} kg bzw.
		1,008665 AME
Elektron:		−1,6022 · 10^{-19} As
		9,1091 · 10^{-31} kg bzw.
		0,0005486 AME

Weitere wichtige chemische Grundkonstanten und -grössen
Avogadrosche Zahl/Loschmidtsche Zahl:
  6,02252 · 10^{23} mol^{-1}
Molvolumen:
  22,414 m³/kmol bei Normalbedingungen
Faraday-Konstante:
  9,6493 · 10^4 As/Mol

3. Anhang

3.2 Periodensystem der Elemente

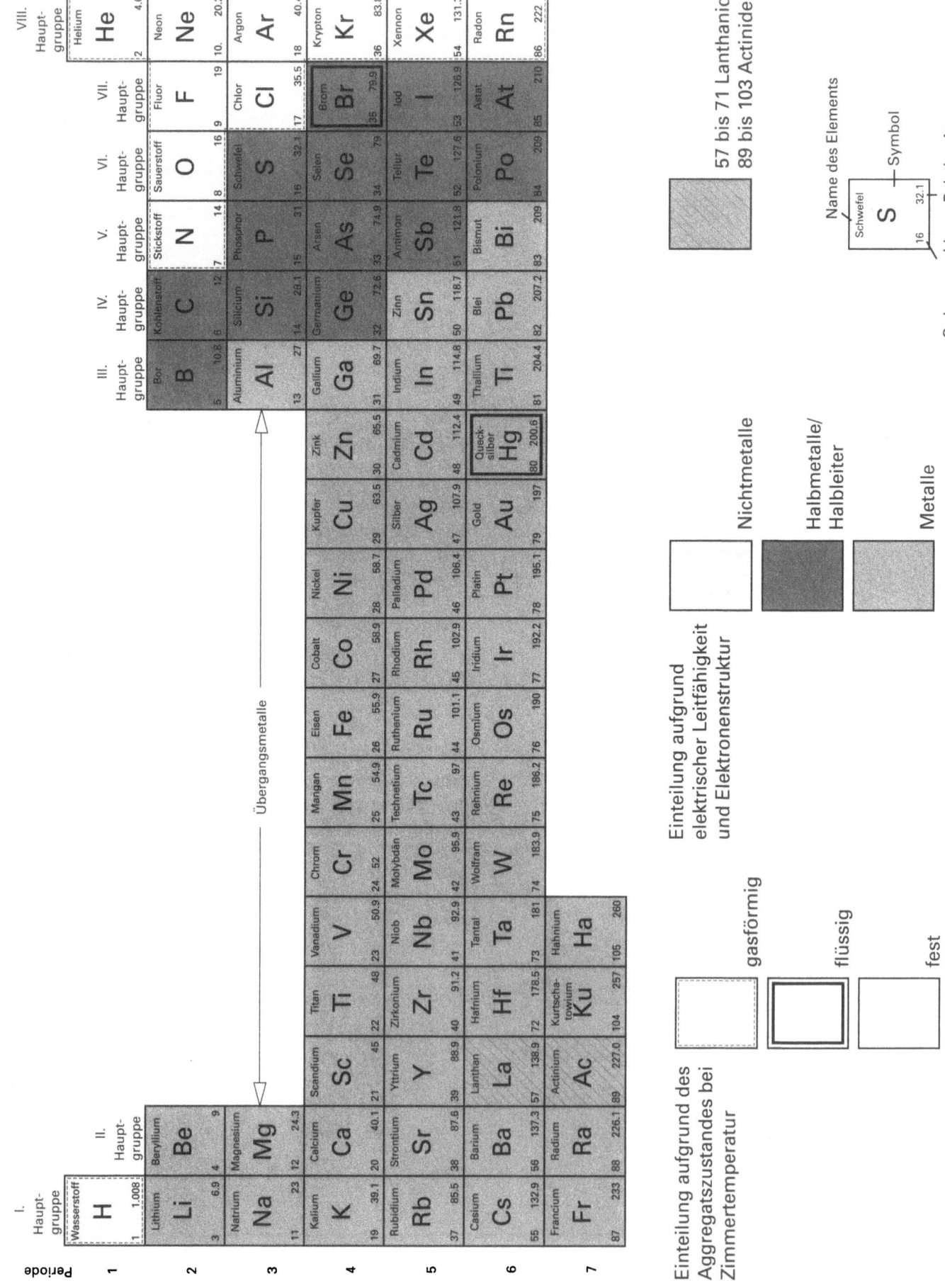

3.3 Wichtige chemische Verbindungen

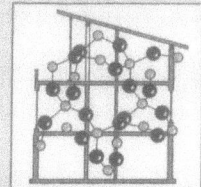

3.3.1 Anorganische Verbindungen

Oxide
Verbindungen der Elemente mit Sauerstoff

Metalloxide
Aluminiumoxid (Tonerde) Al_2O_3
Eisenoxid FeO, Fe_2O_3
Kaliumoxid K_2O
Kalziumoxid (gebrannter Kalk) CaO
Magnesiumoxid MgO
Natriumoxid Na_2O

Nichtmetalloxide
Kohlendioxid CO_2
Kohlenmonoxid CO
Ozon O_3
Stickoxide NO_x
Schwefeldioxid SO_2

Hydride
Verbindungen der Elemente mit Wasserstoff

Nichtmetallhydride
Ammoniak NH_3
Chlorwasserstoff (Salzsäuregas) HCl
Fluorwasserstoff (Fluss-Säure) HF
Methan CH_4
Schwefelwasserstoff H_2S
Wasserstoffperoxid H_2O_2

OH-Verbindungen
Verbindungen der Elemente mit OH bzw. O und H

Basen (Verbindungen der Metallionen mit OH^--Ionen)
Aluminiumhydroxid $Al(OH)_3$
Kalziumhydroxid (gelöschter Kalk, Weisskalk) $Ca(OH)_2$
Kaliumhydroxid (Kalilauge) KOH
Natriumhydroxid (Natronlauge) $NaOH$

zusätzlich:
Ammoniumhydroxid (Salmiakgeist) NH_4OH

Säuren (Verbindungen der Nichtmetallatome, in denen der Wasserstoff zuerst steht)
Kieselsäure H_4SiO_4 (ortho), H_2SiO_3 (meta)
Kohlensäure H_2CO_3
Phosphorsäure H_3PO_4
Salpetersäure HNO_3
Schwefelsäure H_2SO_4

3.3.2 Organische Verbindungen

Verbindungen mit Wasserstoff (Kohlenwasserstoffe)

Gesättigte Kohlenwasserstoffe (Formel C_nH_{n+2})
Ethan   n = 2
Butan   n = 4
Methan   n = 1
Octan   n = 8
Propan   n = 3

Ungesättigte Kohlenwasserstoffe
Ethylen (Ethen) $CH_2=CH_2$
Acetylen (Ethin) C_2H_2
Vinylchlorid $CH_2=CHCl$

Aromatische Kohlenwasserstoffe
Benzol C_6H_6
Styrol $C_6H_5-CH=CH_2$
Toluol $C_6H_5-CH_3$
Xylol $C_6H_5(CH_3)_2$

Vollständig halogenierte Fluorchlorkohlenwasserstoffe FKW, FCKW
CCl_2F (FCKW 11)
CCl_3F_2 (FCKW 12)
$C_2Cl_4F_2$ (HFCKW 112) usw.

Teilweise halogenierte Fluorchlorkohlenwasserstoffe H-FCKW
$HCClF_2$ (HFCKW 22)
$HC_2Cl_2F_3$ (FCKW 123) usw.

O-Verbindungen

Alkohole
Ethanol (Ethylalkohol) C_2H_5-OH
Methanol CH_3-OH

Aldehyde und Ketone
Acetaldehyd CH_3-CHO
Aceton $CH_3-CO-CH_3$
Formaldehyd $H-CHO$
Methylethylketon (MEK) $CH_3-CO-C_2H_5$

Säuren und Ester
Ameisensäure $H-COOH$
Essigester $CH_3-CO-C_2H_5$
Essigsäure CH_3-COOH

3.3.3 Zementchemie

Stoff	Kurzzeichen	chemische Formel
Trikalziumsilikat	C_3S	$3\,CaO \cdot SiO_2$
Trikalziumaluminat	C_3A	$3\,CaO \cdot Al_2O_2$
Kalzium-Silikat-Hydrat	CSH	$3\,CaO \cdot SiO_2 \cdot H_2O$
Tetrakalzium-Aluminat-Ferrit-Hydrat	$C_4(A, F)H_{13}$	$4\,CaO\,(Al_2O_3 \cdot Fe_2O_3) \cdot 13\,H_2O$
Friedelsches Salz		$3\,CaO \cdot Al_2O_3 \cdot CaCl_2 \cdot 10\,H_2O$

3. Anhang

3.4 Legionellen im Warmwasser

3.4.1 Mikroorganismen

Durch energiesparende Massnahmen wurden die Temperaturen in Warmwassersystemen gesenkt. Damit ergab sich die Möglichkeit für Bakterien, die sogenannten Legionellen, sich in diesen Systemen zu vermehren. Sie können eine atypische Lungenentzündung auslösen, die alte und kranke Menschen gefährden kann. Lange Zeit herrschte die falsche Meinung, dass hygienische Gesundheitsprobleme durch Mikroorganismen der Vergangenheit angehören.

3.4.2 Massnahmen bei Installationen in Deutschland

Stellungnahme des DVGW-Hauptausschusses «Wasserverwendung» zu den Empfehlungen des Bundesgesundheitsamtes zur Verminderung eines Legionellen-Infektionsrisikos (1988):

Bestehende Trinkwasserinstallationen
- Verminderung des Infektionsrisikos durch Meidung des Temperaturbereiches von etwa 30 bis 50 °C.
- Minimierung von Aerosol-Bildung durch Wahl geeigneter Entnahmearmaturen.
- Nicht benutzte Leitungsteile ausser Betrieb setzen.
- Trinkwasser auf 60 °C (Haltetemperatur) erwärmen; an den Verbrauchsstellen sind technische Vorkehrungen gegen Verbrühen zu treffen.

Planungshinweise für Trinkwasserinstallationen
- Verwendung von Materialien, die eine mikrobielle Beeinträchtigung der Wasserqualität nicht erwarten lassen.
- Die verwendeten Materialien müssen bis 70 °C beständig sein und einen ausreichenden Schutz vor Korrosion bieten.
- Wärmeverlust an Warmwasserleitungen bzw. Wärmeübertragung an Kaltwasserleitungen durch thermische Isolationen herabsetzen.
- Regelmässige Wartung und Reinigung der Trinkwassererwärmer ist erforderlich.
- Bei dezentralen Durchfluss-Trinkwassererwärmern ohne Speichervolumen sind keine speziellen Massnahmen notwendig.
- Bei Speicher-Trinkwassererwärmern ist sicherzustellen, dass das Wasser an allen Stellen gleichmässig erwärmt ist.
- Für zentrale Durchfluss- und Speichertrinkwassererwärmer sollte die Temperatur unmittelbar vor dem Mischen am Auslauf mindestens 55 °C betragen.
- Zirkulationsleitungen möglichst bis an die Entnahmestelle führen.
- Zirkulationspumpen als Dauerläufer auslegen.

3.4.3 Beurteilung in der Schweiz

Auskünfte betreffend Legionellen erteilen die kantonalen Gesundheitsdirektionen (Kantonsärzte, Kantonschemiker) bzw. das Bundesamt für Gesundheitswesen BAG, Bern.

Legionellen – ein hygienetechnisches Problem Empfehlungen des BAG für Planer und Betreiber haustechnischer Anlagen in Spitälern, Alters- und Pflegeheimen sowie Hotels:

Lüftungstechnische Anlagen
- Anlagen in Spitälern und Pflegeheimen sind nach den Richtlinien des SKI 35 [43] (1987) zu bauen, zu betreiben und zu kontrollieren.
- Für die übrigen Gebäude ist die Empfehlung SIA 382/1 [44] «Lüftungstechnische Anlagen» massgebend.
- Aggregate, wie z.B. Luftwäscher und Umlaufsprühbefeuchter müssen regelmässig und gründlich nach vorliegenden Wartungsplänen gereinigt werden.

Sanitäre Anlagen
- Die Norm SIA 385/3 [45] «Warmwasseraufbereitungsanlagen» ist sinngemäss anzuwenden.
- Die Warmwassertemperatur soll in den Speichern mindestens 60 °C, an den Zapfstellen mindestens 50 °C betragen.
- Der Einsatz von dezentralen Warmwasseranlagen soll gefördert werden.
- Totleitungen im Wasserleitungssystem sind zu vermeiden, und maximale Entleerungsmöglichkeiten sind zu gewährleisten [45].
- Alle Warmwasserspeicher sind regelmässig und gründlich zu reinigen (gemäss Wartungsplan).

Whirl pools (Warmsprudelbecken)
- Für Whirl pools ist die Norm SIA 385/1 [46] «Wasseraufbereitung in Gemeinschaftsbädern» sinngemäss anzuwenden.
- Das Wasser soll immer einen Gehalt an freiem Chlor von 0,7 bis 1,0 mg/Liter aufweisen.

Grundsatz des BAG:
- «Hygiene kommt vor Energiesparen».

3.5 Gesetzgebung und Richtlinien im Umweltbereich

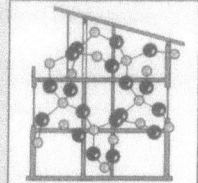

3.5.1 Rechtserlasse Umweltschutz [32]

Bundesgesetz über den Verkehr mit Giften (Giftgesetz, GG) vom 21.3.69, Stand 1.10.91
Geltungsbereich, Giftliste, bestehend aus den Verzeichnissen der Grundstoffe, der Publikumsprodukte und der gewerblichen Produkte. Berechtigung zum Verkehr mit Giften, Schutzmassnahmen, Förderung der Kenntnisse über Gifte und Vergiftungen. Behörden und Verfahren, Strafbestimmungen.

Giftverordnung GV (Vollzugsverordnung) vom 19.9.83
Zweck und Begriffe, Giftliste, Inhalt, Giftklassen, Anmeldeverfahren, Verkehr mit Giften, Bezugsbewilligungen, Abgabe von Giften, Schutzmassnahmen, Verpackung, Giftband, Aufbewahrung, Anpreisung, Massnahmen bei Diebstahl, Verlust oder irrtümlicher Abgabe, Schutzmassnahmen in Betrieben, Giftauskunftstellen, Gebühren. Zusätzlich wurde ein Kommentar zur Giftverordnung herausgegeben.

Verordnung über verbotene giftige Stoffe vom 23.12.71
Verwendungs-Einschränkungen von As, Pb, Hg und deren Verbindungen, DDT, Hexachlorbenzol, Ozon, Verbote von Stoffen in Druckgaspackungen, Selbstschutzgeräten, Feuerlösch- und Kühlmitteln.

Gewässerschutzgesetz GSchG vom 8.10.71, Stand 1.10.91
Allgemeine Bestimmungen, Verhinderung von Verunreinigungen, wassergefährdende Stoffe, Revisionsarbeiten an Tankanlagen, Grundwasserschutz, Bundesbeiträge, Haftpflicht, Strafbestimmungen.

Allgemeine Gewässerschutzverordnung vom 19.6.72, Stand 1.4.86
Bundesorgane, Bundesamt für Umweltschutz, Aufgaben und Pflichten der Verwaltungsstellen des Bundes, Aufgaben der Kantone, Abwasserbeseitigung, Sanierungsplanung, Kanalisationsplanung, Grundsätzliches für die besonderen Arten der Abwasserbeseitigung, Betrieb und Unterhalt der Abwasseranlagen, Bundesbeiträge.

Verordnung über Abwassereinleitungen vom 8.12.75, Stand 1.10.91
Grundlagen, Qualitätsziele, allgemeine Einleitungsbedingungen, düngstoffreiche Abwässer, flüssige Abfallstoffe. Anhang mit den Grenzwerten für anorganische und organische Stoffe für die Einleitung in Fliessgewässer bzw. in eine öffentliche Kanalisation.

Bundesgesetz über den Umweltschutz vom 7.10.83, Stand 1.10.91
Grundsätze, Zweck, Verursacherprinzip, Umweltverträglichkeitsprüfung, Katastrophenschutz, Luftverunreinigungen, Lärm, Erschütterungen und Strahlen, Emissionen, Immissionen, Sanierungen, Vorschriften, umweltgefährdende Stoffe, Abfälle, Deponien, Belastungen des Bodens, Vollzug durch die Kantone, durch den Bund, Typenprüfungen, Umweltschutzfachstellen, Gebühren, Verfahren, Strafbestimmungen.

Luftreinhalteverordnung (LRV) vom 16.12.85, Stand 1.4.92
Allgemeine Bestimmungen, Emissionsbegrenzungen bei neuen und bei bestehenden Anlagen, Emissionen von Fahrzeugen, Typenprüfungen für Feuerungsanlagen, Brennstoffe, Abfallverbrennung im Freien. Anhang 1: Abgase, Emissionen, Grenzwerte für Staub, anorganische, organische und krebserzeugende Stoffe. Anhang 2: Emissionsbegrenzungen für Zementöfen, Chemieanlagen, Mineralölindustrie, Grosstankanlagen, Giessereien, Verzinkereien, Anlagen zur Herstellung von Blei-Akkumulatoren, Wärme und Wärmebehandlungsöfen, Räucheranlagen, Tierkörper-Verwertung, Trocknen von Grünfutter, Kaffeeröstereien, Anlagen zum Beschichten und Bedrucken, Anlagen zum Verbrennen von Siedlungs- und Sonderabfällen, Anlagen zum Verbrennen von Altholz, stationäre Verbrennungsmotoren, Holzfaser- und Spanplattenherstellung, chemische Kleiderreinigung, Krematorien, Feuerungsanlagen, Anforderungen an Brenn- und Treibstoffe.

Verordnung über umweltgefährdende Stoffe (Stoffverordnung, StoV) vom 9.6.86, Stand 14.8.91
Stoffe, die zu einem Abbau der Ozonschicht führen, Verbote, Druckgaspackungen, Cd in Kunststoffen, Lösungsmittel, Kältemittel, Löschmittel, Pflicht zu umweltgerechtem Verhalten, Aufgaben des Herstellers, Aufgaben des Händlers, der Behörden, Piktogramme und Aufschriften für die Etikette, Sicherheitsdatenblatt für Stoffe und Erzeugnisse, Bestimmungen für halogenierte organische Stoffe, Hg, Asbest, Textilwaschmittel, Reinigungsmittel, Pflanzenbehandlungsmittel, Holzschutzmittel, Dünger, Auftaumittel, Brennstoffzusätze, Transformatoren, Druckgaspackungen, Batterien, Kunststoffe, gegen Korrosion behandelte Gegenstände, Unterwasseranstriche, Gebühren für Dienstleistungen des Bundesamtes.

3. Anhang

3.5 Gesetzgebung und Richtlinien im Umweltbereich

3.5.2 Giftgesetze

CH-Giftgesetz und Giftklassen

Giftgesetz

Das Giftgesetz (Abschnitt 3.5.1) will den Verkehr (das Herstellen, die Verarbeitung, das Aufbewahren usw.) mit giftigen Stoffen und Erzeugnissen einschränken,
- die das Leben und die Gesundheit von Mensch und Tier gefährden
- oder die Umwelt belasten können.

Die fachgerechte Handhabung dieser Stoffe soll in die Hände von Fachleuten gelegt werden. Dabei kommen
- sachbezogene Massnahmen (Klassierung von Giften) und
- personenbezogene Massnahmen (Ausstellen von Bewilligungen) zum Tragen.

Giftklassen

Die Gifte werden in der Schweiz vom Bundesamt für Gesundheitswesen (BAG), Abteilung Gifte, aufgrund ihrer Gesamtgefährlichkeit in eine der *fünf Giftklassen* eingeteilt. Dabei umfasst die Giftklasse 1 die stärksten und die Giftklasse 5 die schwächsten Gifte.

Als eine der Einteilungsgrundlagen dient die Bestimmung der *akuten oralen Letaldosis* (Aufnahme durch den Mund) an wenigen Tieren, in der Regel der Ratte, wobei folgende Skala zur Anwendung kommt:

Giftklasse	Letaldosis [mg/kg]
1	bis 5
2	5 bis 50
3	50 bis 500
4	500 bis 2000
5	2000 bis 5000

Hinweise über Giftigkeit und Umweltgefährdung von Stoffen können z.B. aus der Broschüre «Giftgesetz» des Kantonalen Laboratoriums Zürich, Abteilung Stoffe und Gifte, entnommen werden [47].

Diese Broschüre umfasst auch Informationen über
- die Stoffverordnung,
- Gewässerschutzbestimmungen,
- Luftreinhaltung,
- Störfallvorsorge,
- Entsorgung,
- Transport gefährlicher Güter,
- Schnellinformation bei Unfällen und
- wichtige Adressen von Behörden usw.

Das EU-Giftgesetz

Das Ziel der Einstufung nach EU (in CH: Klassierung) ist die Bezeichnung aller
- toxischen (giftigen),
- physikalisch-chemischen (Löslichkeit usw.) und
- ökotoxischen (umweltgiftigen) Eigenschaften

von Stoffen und Zubereitungen (in CH: Erzeugnissen), die bei normaler Handhabung oder Verwendung eine Gefahr für Mensch, Tier und Umwelt darstellen können.

Die Bewertung einer Gesundheitsgefährdung kann entweder durch ein rechnerisches Verfahren oder durch Bestimmung der toxikologischen Eigenschaften nach definierten Methoden vorgenommen werden.

Kennzeichnung

Zur Kennzeichnung nach EU werden drei Wirkungsreihen verwendet:

- *Akute Toxizität*
  unterteilt in sehr giftig, giftig und gesundheitsschädlich.

- *Lokal wirkende Toxizität*
  wie ätzend, reizend.

- *Reaktionsfähigkeit*
  im Sinne von entzündlich, brandfördernd, explosionsgefährlich.

Vergleich EU/CH

In der Schweiz kann die Kennzeichnung von gewerblichen Giften gemäss EU-Rechtsvorschriften wie folgt vorgenommen werden:

EU	CH
sehr giftig	Klasse 1
giftig und ätzend	Klasse 2
gesundheitsschädlich bzw. reizend	Klasse 3 evtl. Klasse 4

Da die EU-Bestimmungen weder eine 4. noch eine 5. Gefährdungsklasse kennen, richtet sich die Kennzeichnung solcher Stoffe und Erzeugnisse in der Schweiz ausschliesslich nach der schweizerischen Norm.

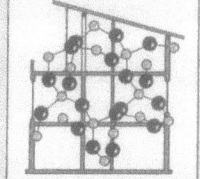

3.5.3 R-Sätze

Gefahrenkennzeichnung für ökologisch und toxikologisch relevante Bestandteile nach EU-Recht (R-Sätze) [49]

Als ökologisch und toxikologisch relevant müssen alle Bestandteile deklariert werden, die gemäss EU-Richtlinien als *gewässergefährdend* (R50 bis R53) oder *gesundheitsgefährdend* (R20 bis R48) zu bezeichnen sind. In der Übergangszeit vom Schweizerischen zum EU-Recht soll ergänzend die Giftklasse gemäss Giftverordnung bzw. Giftliste [48] deklariert werden. Die Einstufungskriterien für R-Sätze orientieren sich an verschiedenen ökologischen und toxikologischen Eigenschaften und sind im EU-Angleichungsrecht zur EU-Richtlinie 67/548/EwG im Detail beschrieben. Die einzelnen bzw. kombinierten Gefahrensätze bedeuten:

R50 Sehr giftig für Wasserorganismen
R51 Giftig für Wasserorganismen
R52 Schädlich für Wasserorganismen
R53 Kann in Gewässern längerfristig eine schädliche Wirkung haben
 R53 kann mit den anderen R-Sätzen auch in Kombination vorkommen. Die Kombination R50/R53 bedeutet die höchste Gewässergefährdung, der einzelne Satz R53 die geringste.
R20 Gesundheitsschädlich beim Einatmen
R21 Gesundheitsschädlich bei Berührung mit der Haut
R22 Gesundheitsschädlich beim Verschlucken
R23 Giftig beim Einatmen
R24 Giftig bei Berührung mit der Haut
R25 Giftig beim Verschlucken
R26 Sehr giftig beim Einatmen
R27 Sehr giftig bei Berührung mit der Haut
R28 Sehr giftig beim Verschlucken
R29 Entwickelt bei Berührung mit Wasser giftige Gase
R30 Kann bei Gebrauch leicht entzündlich werden
R31 Entwickelt bei Berührung mit Säure giftige Gase
R32 Entwickelt bei Berührung mit Säure sehr giftige Gase
R33 Gefahr kumulativer Wirkungen
R34 Verursacht Verätzungen
R35 Verursacht schwere Verätzungen
R36 Reizt die Augen
R37 Reizt die Atmungsorgane
R38 Reizt die Haut
R39 Ernste Gefahr irreversiblen Schadens
R40 Irreversibler Schaden möglich
R41 Gefahr ernster Augenschäden
R42 Sensibilisierung durch Einatmen möglich
R43 Sensibilisierung durch Hautkontakt möglich
R44 Explosionsgefahr bei Erhitzen unter Einschluss
R45 Kann Krebs erzeugen
R46 Kann vererbbare Schäden verursachen
R47 Kann Missbildungen verursachen
R48 Gefahr ernster Gesundheitsschäden bei längerer Exposition.

Auch bei den Gesundheitsgefahren können R-Sätze in Kombination auftreten.

Die Bestandteile mit Kennzeichnungspflicht müssen deklariert werden, unabhängig von der Wahrscheinlichkeit ihres Auftretens aus einem Produkt während der Nutzung (und Entsorgung). Die Deklaration beschreibt somit nur das Gefahrenpotential und nicht das eigentliche Risiko.

Die Erkenntnisse, ob und in welchem Masse Bestandteile von Bauprodukten während der langjährigen Nutzung und allenfalls Deponierung emittiert werden, sind noch sehr bescheiden und Gegenstand nationaler und internationaler Untersuchungen. Im Sinne des im Umweltschutzgesetzes verankerten Vorsorgeprinzips können nach heutigem Stand der Kenntnisse Bestandteile mit besonderen Umwelt- und Gesundheitsgefahren bei der Wahl von Produkten nur vermieden oder auf ein Minimum reduziert werden.

3. Anhang

3.5 Gesetzgebung und Richtlinien im Umweltbereich

3.5.4 Bauabfälle [31]

Definition der Bauabfälle
Sämtliche von Baustellen zu entsorgenden Materialien werden unter dem Oberbegriff Bauabfälle zusammengefasst. Die Organisation einer umweltgerechten Entsorgung verlangt die Zuordnung der anfallenden Materialien zu einer der nachstehenden Gruppen.

Aushub
Unter diesen Begriff fallen unverschmutzter Erdaushub und Felsausbruch, die ohne Einschränkungen einer Verwertung zugeführt oder für die Rückfüllung und Rekultivierung von Materialentnahmestellen verwendet werden können.
Für die Beurteilung eines allfälligen Verschmutzungsgrades ist das Amt für Gewässerschutz und Wasserbau zuständig.

Bauschutt
Bauschutt ist ein potentieller Sekundärrohstoff, z.B. für die Herstellung von Kiesersatzmaterial.
Allerdings ermöglicht nur die Rückgewinnung und Aufbereitung der einzelnen Bauschuttfraktionen eine umweltgerechte Verwendung in geeigneten Bauwerken.
Die folgenden Bauschuttfraktionen sind deshalb *unvermischt* und *frei von Bausperrgut* der Wiederverwertung zuzuführen:

Ausbauasphalt
Dieser umfasst alle Schwarzbeläge in der Form von Belagsaufbruch und Fräsmaterial.

Strassenaufbruch
Bei diesem handelt es sich um Kiessand, hydraulisch stabilisierte Schichten mit geringen Mengen an Fremdmaterial.

Betonabbruch
Sämtliche Betonsorten wie Füll-, Unterlags- und Konstruktionsbeton sind, soweit möglich, dieser Fraktion zuzuführen.

Mischabbruch
Dieser besteht aus den mineralischen Fraktionen von Massivbauteilen, insbesondere aus dem organisierten Rückbau von Beton-, Back-, Kalksandstein- und Natursteinmauerwerk.

Bausperrgut
Unter diesem Sammelbegriff werden alle Materialien erfasst, die keiner der obigen Gruppen zugeteilt werden können.
Diese werden auf der Baustelle möglichst unvermischt ausgebaut oder, wo dies nicht möglich ist, in einer geeigneten Anlage aussortiert, damit die einzelnen Fraktionen einer Verwendung zugeführt werden können. Jede Sortierung sollte mindestens die folgenden Fraktionen ergeben:

Mineralische Fraktion
Diese umfasst z.B. die bei Umbauten anfallenden Verputze, keramische Wand- und Bodenbeläge usw. Diese Fraktion ist evtl. in einer Reaktordeponie abzulagern.

Altholz
Gemeint sind Holzabfälle aus dem Innenausbau wie Türen, Treppen, Fensterrahmen, Täfer, Parkett usw., Konstruktionsholz aus Abbrüchen und Umbauten sowie Bauholzabfälle (Schalung, Spriesse). Altholz ist der direkten Verwertung (z.B. Balken) oder wenn möglich der Verbrennung in Anlagen mit Energienutzung (z.B. Zementfabrikation) zuzuführen.

Brennbare Materialien
Brennbare Materialien mit Ausnahme des Altholzes sind einer geeigneten Kehrichtverbrennungsanlage zuzuführen.

Metalle
Alle Metalle sind über den Schrotthandel einer Wiederverwertung zuzuführen.

Bausonderabfälle
Es handelt sich dabei entweder um Stoffe, die der Verordnung über den Verkehr mit Sonderabfällen [50] unterstehen, oder es sind Materialien, die mit solchen Stoffen verunreinigt worden sind. Die Entgegennahme solcher Stoffe und Materialien ist bewilligungspflichtig. Bei der Entsorgung sind die beiden folgenden Fälle zu unterscheiden:

Wiederkehrende Sonderabfälle
In diese Kategorie gehören Farben, Lacke, Lösungsmittel, Beton- und Mörtelzusätze, Kitte, Kleber usw. Die Entsorgung erfolgt über berufsspezifische Organisationen oder über den Fachhandel.

Altlasten
Altlasten sind Bauten, Standorte von Anlagen, Unfälle und Ablagerungen mit umweltgefährdenden Stoffen. Jede Veränderung auf einem Altlasten- oder Altlastenverdacht-Standort bedarf einer Bewilligung des Amtes für Gewässerschutz und Wasserbau.

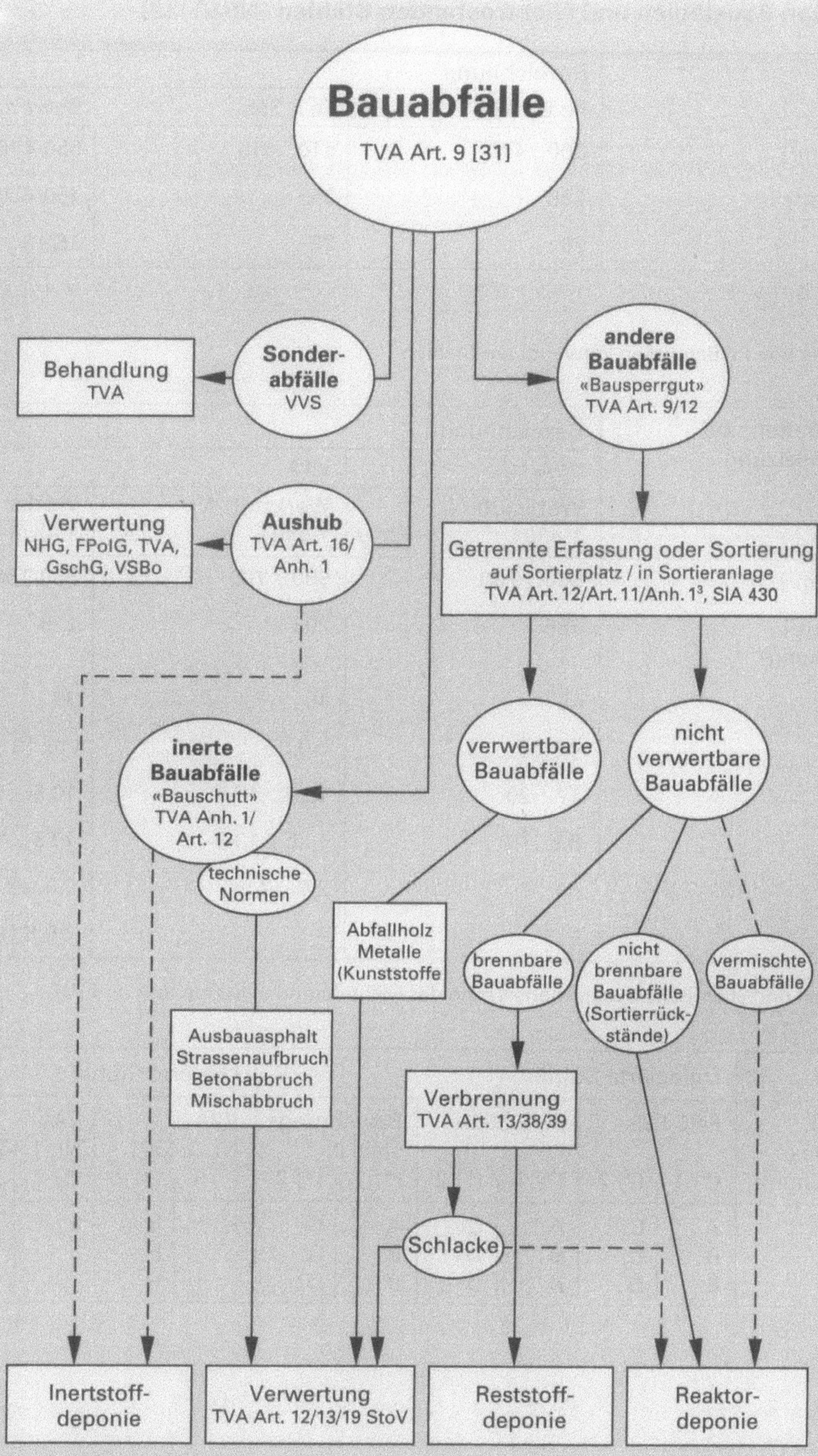

3.5 Gesetzgebung und Richtlinien im Umweltbereich

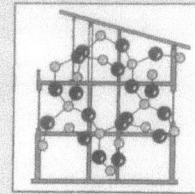

```
                    Bauabfälle
                   TVA Art. 9 [31]
                         |
        ┌────────────────┴────────────────┐
        |                                  |
   Sonder-                             andere
   abfälle                             Bauabfälle
     VVS                               «Bausperrgut»
                                       TVA Art. 9/12
```

- Behandlung TVA ← Sonderabfälle VVS
- Verwertung NHG, FPolG, TVA, GschG, VSBo ← Aushub TVA Art. 16/ Anh. 1
- Getrennte Erfassung oder Sortierung auf Sortierplatz / in Sortieranlage TVA Art. 12/Art. 11/Anh. 1[3], SIA 430
  - verwertbare Bauabfälle
  - nicht verwertbare Bauabfälle
- inerte Bauabfälle «Bauschutt» TVA Anh. 1/ Art. 12
  - technische Normen
  - Ausbauasphalt, Strassenaufbruch, Betonabbruch, Mischabbruch
- Abfallholz, Metalle, (Kunststoffe)
- brennbare Bauabfälle
- nicht brennbare Bauabfälle (Sortierrückstände)
- vermischte Bauabfälle
- Verbrennung TVA Art. 13/38/39 → Schlacke

Endlager:
- Inertstoffdeponie
- Verwertung TVA Art. 12/13/19 StoV
- Reststoffdeponie
- Reaktordeponie

TVA	Technische Verordnung über Abfälle vom 10. 12. 90	Bund
NHG	Natur- und Heimatschutzgesetzgebung	Bund, Kantone
FPolG	Feuerpolizeigesetzgebung	Kantone
GschG	Gewässerschutzgesetzgebung	Bund, Kantone
VSBo	Verordnung über Schadstoffe im Boden vom 9. 6. 88	Bund
VVS	Verordnung über Verkehr mit Sonderabfällen vom 12. 11. 86	Bund

Übersicht über die für Bauabfälle massgebenden gesetzlichen Bestimmungen des Bundes

3. Anhang

3.6 Metalle

3.6.1 Eigenschaften von Baustählen und Nichtrostenden Stählen (NRST) [2]

Eigenschaft	Bezeichnung		
	Fe E 235	Fe E 355	Bewehrungsstahl IIIa/b (*)
Zugfestigkeit R_m [N/mm²]	360...470	510...610	550/470
Streckgrenze R_e [N/mm²]	235	355	450/450
Bruchdehnung A_s [%]	26	22	16/13

(*) Bezeichnung für naturharte (IIIa) bzw. für kaltverformte (IIIb) Bewehrungsstähle nach Norm SIA 162 [7]

Mechanische Eigenschaften von im Bauwesen verwendeten Stählen

Mechanische Eigenschaften und chemische Zusammensetzung	Bezeichnung		
	V2A	V4A	
	Werkstoff-Nr. 1.4301	Werkstoff-Nr. 1.4401	Werkstoff-Nr. 1.4571
Zugfestigkeit R_m [N/mm²]	500...700	500...700	500/750
Dehngrenze $R_{0,2}$ [N/mm²] (0,2 % bleibende Dehnung)	185	205	225
Bruchdehnung A_s [%]	45	40	35
Kohlenstoffgehalt [%]	< 0,07	< 0,07	< 0,10
Chromgehalt [%]	17...20	16,5...18,5	16,5...18,5
Nickelgehalt [%]	8,5...10	10,5...13,5	10,5...13,5
Molybdängehalt [%]	–	2,0...2,5	2,0...2,5
Titangehalt [%]	–	–	< 0,5 (= 5 · C-Gehalt)

Mechanische Eigenschaften und chemische Zusammensetzung der Nichtrostenden Stähle V2A und V4A

Beanspruchungsart			Unlegierte Stähle						Legierte Stähle					
$H_2O + O_2$	Cl⁻	mech. Zugbeanspruchung	Fe E 235		Fe E 355		Bewehrungsstahl III		V2A Nr. 1.4301		V4A Nr. 1.4401		V4A Nr. 1.4571	
			(*) 1	(*) 2	(*) 1	(*) 2	(*) 1	(*) 2	(*) 1	(*) 2	(*) 1	(*) 2	(*) 1	(*) 2
X			A	C	A	C	A	C	E	E	E	E	E	E
X	X		B	D	B	D	B	D	E	F	E	G	E	G
X	X	X	B	D	B	D	B	D	E	H	E	I	E	I

(*) Korrosionsform: 1 = gleichmässig bzw. flächenhaft
                    2 = ungleichmässig bzw. örtlich

A: Bei ungeschütztem, frei liegendem Stahl bzw. einbetoniertem Stahl und sehr porösem Beton: schwache bis mässige Korrosion

B: Bei ungeschütztem, frei liegendem Stahl bzw. bei einbetoniertem Stahl und sehr porösem Beton: starke Korrosion

C: Bei Rissen im Stahlbeton bzw. bei Poren oder mechanischen Verletzungen von Beschichtungen: schwache bis mässige Lochkorrosion

D: Bei Rissen im Stahlbeton bzw. bei Poren oder mechanischen Verletzungen von Beschichtungen: starke Lochkorrosion

E: Keine Korrosion

F: In chloridhaltiger Umgebung: Lochkorrosion

G: In stark chloridhaltiger Umgebung: ausnahmsweise Lochkorrosion möglich

H: In chloridhaltiger Umgebung: Spannungsriss-Korrosion

I: In chloridhaltiger Luft: Spannungsriss-Korrosion nicht auszuschliessen

Korrosionsverhalten der Stähle bei verschiedenen Beanspruchungsarten

3.6 Metalle

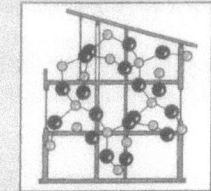

3.6.2 Anwendungen von Nichtrostenden Stählen [1]

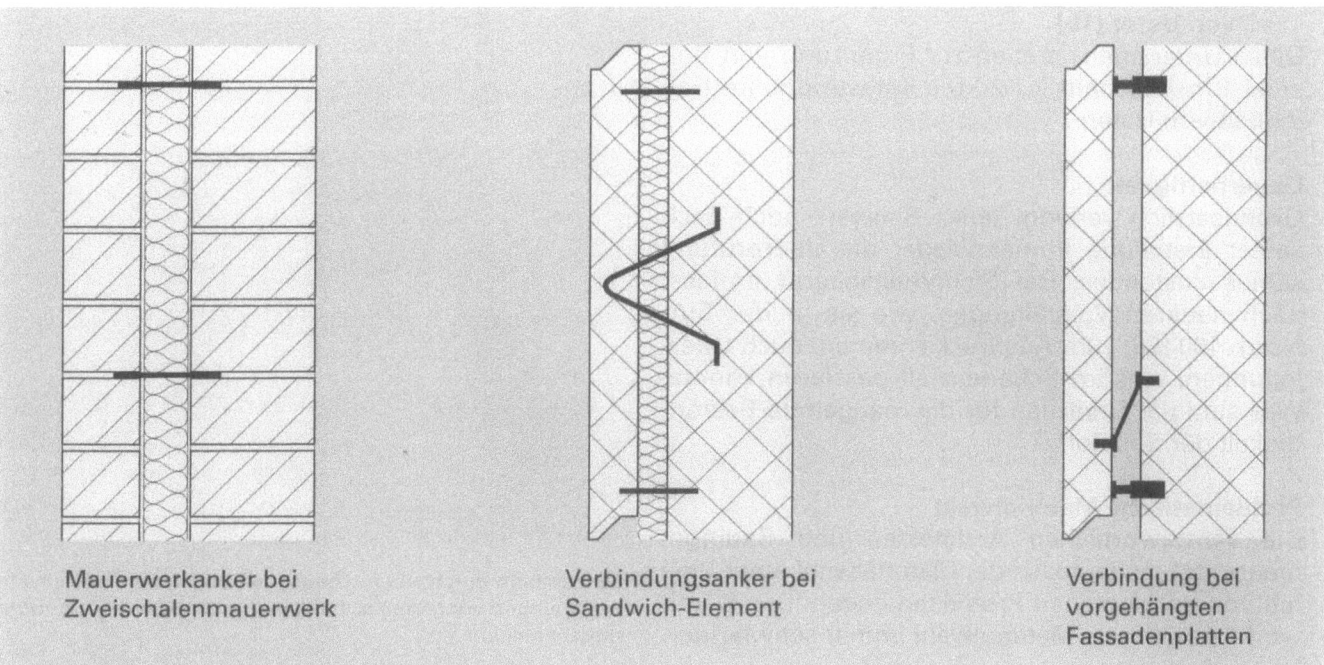

Anwendungen bei Aussenwandkonstruktionen

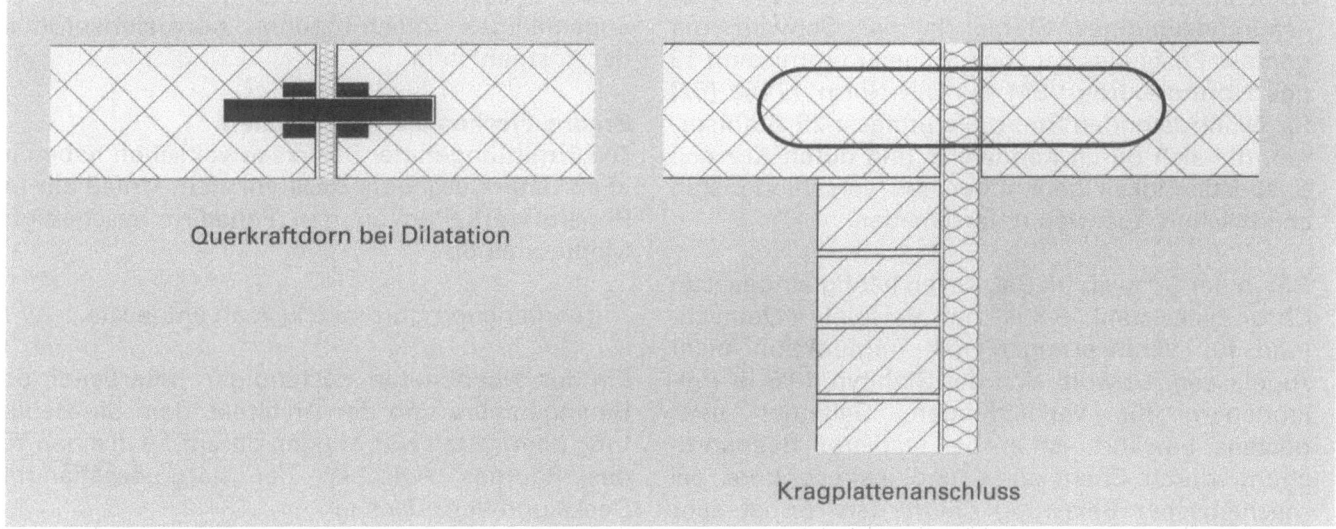

Anwendungen bei Deckenverbindungen

3. Anhang

3.6 Metalle

3.6.3 Nichtrostende Stähle (NRST): Lehren aus der Katastrophe von Uster [19]

Diese Unterlagen dienen zur Ergänzung von Beispiel 1 in Abschnitt 2.1.2 «Die Katastrophe im Hallenbad von Uster».

Dauerhaftigkeit

Grundsätzlich verlangt jedes Bauwerk auch nach seiner Erstellung immer wieder die Überprüfung seines Zustandes. Der Sicherheitsbegriff umfasst nach neueren Vorstellungen, wie sie in der SIA-Norm 160 [58] zum Ausdruck kommen, auch Überlegungen, was im Schadensfall passieren könnte. Was sind die Ursachen für die mangelnde Beständigkeit der Baustoffe?

Problematische Materialwahl

Die verantwortlichen Architekten und Bauingenieure stehen heute bei der Materialwahl einer Vielfalt von angebotenen Produkten gegenüber. Damit wird die optimale Materialwahl immer schwieriger.

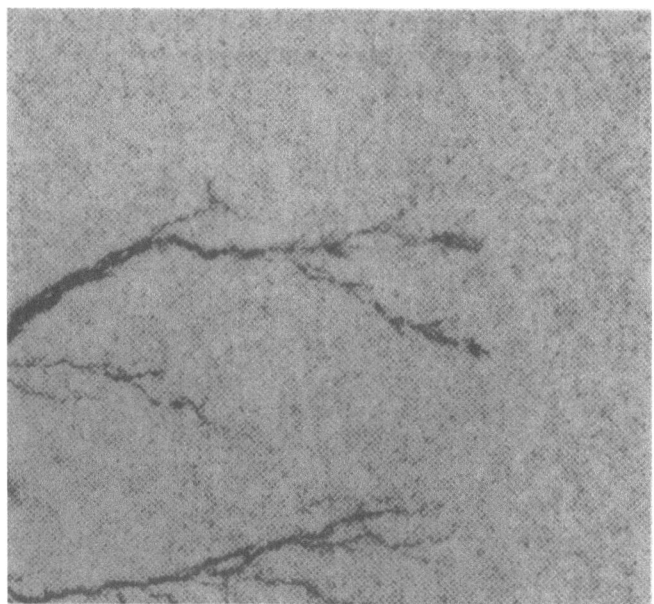

Längsschnitt durch einen schadhaften Bügel: Die Risse sind fein verästelt und erstrecken sich tief in den Stab von 10 mm Durchmesser hinein.

Im Falle des Hallenbades Uster ist Nichtrostender Stahl verwendet worden. Es gibt aber ungefähr 50 verschiedene «rostfreie», «nichtrostende» oder «säurebeständige» Stähle. In der Schweiz gilt gemäss Beschluss der Technischen Kommission 13 des Normenbüros VSM die DIN-Norm 17440 [62] für Nichtrostenden Stahl. Sie umfasst 29 Stahlsorten, die sich durch Kennwerte und durch Korrosionsbeständigkeit gegenüber den verschiedensten chemischen Agenzien unterscheiden.

Der in der Schweiz im Bauwesen häufig eingesetzte Chromnickelstahl 18/8 ist zum Beispiel in Deutschland für Verankerungen mit Tragfunktion nicht zugelassen. Obwohl sich der Stahltyp 18/8 in Hallenbädern für Verkleidungen, Geländer usw. bestens bewährt, ist er bei stärkerer Beanspruchung durch Chemikalien und insbesondere bei mechanischer Belastung überfordert. Er ist sehr anfällig für den sogenannten Lochfrass, eine begrenzte Korrosion, die dafür tief eindringt, und bei Belastung ist er durch die Spannungsrisskorrosion gefährdet. Da die wechselnde Kombination der Einwirkungen von Umweltfaktoren auf einen Baustoff zum voraus immer schwer abzuschätzen ist, kommt heute dem Gebäudeunterhalt eine besondere Bedeutung zu.

Es ist allgemein bekannt, dass «Nichtrostender» Chromnickelstahl, auch wenn er nicht stark chemisch oder mechanisch belastet ist, periodisch gereinigt werden muss. Andernfalls entstehen unter den Schmutzablagerungen Löcher. Diese Erfahrung mussten einige Bauherren mit ihren Chromnickelstahl-Gebäudefassaden machen. Chromnickelstahl rostet tatsächlich nicht in dem Sinne, dass ein augenfälliges rötlich-braunes Korrosionsprodukt, der Rost, entsteht.

Braune Flecken als Warnzeichen

Die Ermittlungen der Bezirksanwaltschaft haben im «Fall Uster» ergeben, dass vor dem Unfall ein mit Reparaturarbeiten an den Fenstern beschäftigter Monteur einen

gebrochenen Chromnickelstab entdeckte.

Ein für Hochbauten zuständiger Mitarbeiter des Bauingenieurs und der Architekt, dem die Bauleitung übertragen war, stiegen daraufhin in einen Teil des Raumes zwischen der heruntergehängten Decke und dem Dach ein.

Ausser dem einen gebrochenen Bügel stellten sie an andern Stäben braune Flecken fest, die sich «leicht wegschaben» liessen.

Sie waren der Meinung, der Bruch stamme noch vom Bau her. Der Stab wurde repariert.

Beide «Kontrollen», jene von 1979 sowie die jüngere von 1984, umfassten keine eingehenden Prüfungen und beschränkten sich räumlich auf eine Randzone der Decke.

Im übrigen lag der reparierte Stab in jenem Bereich der Decke, die nicht heruntergefallen ist.

3.6 Metalle

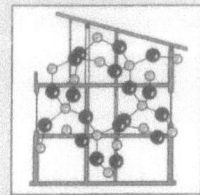

3.6.4 Gegenseitige Verträglichkeit von Metallen

	Werkstoff mit grosser Fläche	Werkstoff mit kleiner Fläche				
		C-Stahl, Guss	Zink, verzinkter Stahl	Al	Cu	NRST
Verträglichkeit bei atmosphärischer Beanspruchung	C-Stahl, Guss	+ / *	–	–	+ / *	+ / *
	Zink, verzinkter Stahl	+ / *	+	+	o	o
	Al	o / –	o	+	o / –	+
	Cu	–	–	–	+	o
	NRST	–	–	o / –	+	+
Verträglichkeit in belüftetem Wasser	C-Stahl, Guss	+ / *	o	–	o / –	–
	Zink, verzinkter Stahl	–	+	–	–	–
	Al	–	o / –	+ / *	–	–
	Cu	–	–	–	+ / *	o
	NRST	–	–	–	o	+
	Stahl in Beton	–	–	–	+	+

+ gut
o unsicher
– schlecht
* Kombination prinzipiell zulässig, aber wegen starker Eigenkorrosion mindestens eines Partners nicht zu empfehlen

Verträglichkeit bei atmosphärischer Beanspruchung und in belüftetem Wasser [22]

Material	übliche Dicke in mm	Ausdehnung bei 100 K Temperaturdifferenz; Länge in mm pro m	Verbindungsarten	Korrosionsschutz			
				Bleche der Atmosphäre ausgesetzt	Bleche im Bereich Sand und Kies	Bleche im Bereich zementgebundener Baustoffe	Bleche im Humus
Verzinktes Stahlblech	0,62	1,2	falzen, nieten und weichlöten	⊕	⊕	○	○
Chromnickelstahl 18/8	0,50	1,8	nieten oder punktschweissen und weichlöten, schweissen	●	●	●	⊕
Kupfer	0,55	1,7	falzen, nieten oder punktschweissen und weichlöten, hartlöten	●	●	⊕	⊕
Aluminium (Aluman)	1,00	2,4	schweissen	●	⊕	○	○
Titanzink	0,70	2,1	weichlöten	●	⊕	⊕	○

Aus Gründen der Dauerhaftigkeit werden vorwiegend Chromnickelstahl- und Kupferbleche verwendet.

○ Blech für diese Beanspruchung nicht geeignet
⊕ Korrosionsschutz erforderlich
⊕ Korrosionsschutz empfehlenswert
● Korrosionsschutz nicht notwendig

Spenglertabelle: Blech- und Verbindungsarten für Spenglerarbeiten bei Flachdächern [20, 21]

3. Anhang

3.6 Metalle

3.6.5 Beschichtungen

Farbe schützt Sachwerte [51]
Die Qualität der modernen Leichtfassade beginnt an der Oberfläche. Hier wirken
- Wind und Wetter,
- Hitze und Kälte,
- Immissionen und Schadstoffe ein.

Hier muss der Schutz des Materials, der Konstruktion und der funktionellen Teile auf lange Sicht gewährleistet sein.

Mit der beeindruckenden Entwicklung des Leichtmetallfassadenbaus musste deshalb auch die Technik der Oberflächenveredlung Schritt halten. Als Höhepunkt in diesem Bereich darf die umweltfreundliche, elektrostatische Pulverbeschichtung gelten.

Eloxieren

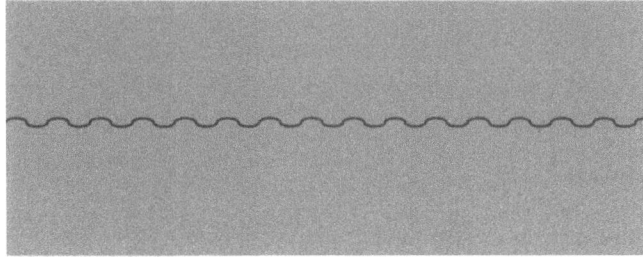

Durch sogenannte anodische Oxidation entsteht eine im Metall integrierte, dünne Oxidschicht von leicht poröser Struktur. Die Nachbehandlung erfolgt im Dampfbad. Die Schutzschicht beträgt je nach Methode und Qualität 10 bis 30 µm.

Nasslackieren

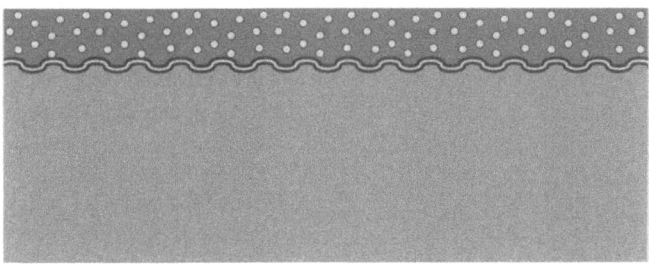

Flüssiger Kunststofflack wird auf die vorbehandelte Oberfläche gespritzt. Durch Einbrennen entsteht ein porendichter Farbfilm. Mögliche Schutzschicht im Einmal-Auftrag bis max. 40 µm.

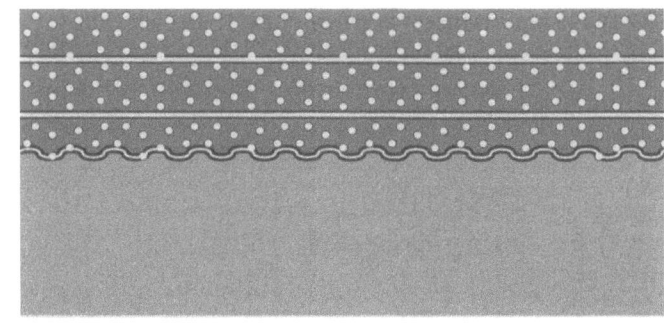

Für grössere Schichtdicken (über 40 µm) ist eine Mehrfach-Beschichtung notwendig, welche allerdings zusätzliche Zwischenhaftungsrisiken mit sich bringt.

Pulverbeschichten

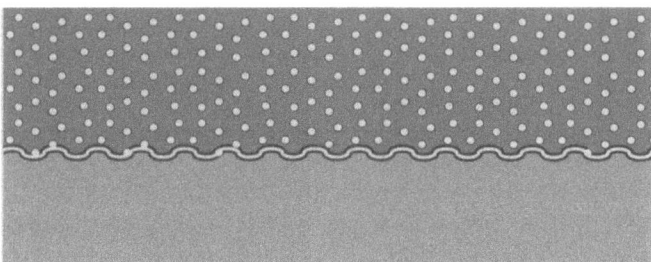

Trockener, thermohärtender 2-Komponenten-Pulverlack, wird elektrostatisch auf die vorbehandelte Fläche aufgebracht. Beim Einbrennen entsteht sofort eine porendichte, widerstandsfähige Kunststoffschicht.
Mögliche Schutzschicht im Einmal-Auftrag kann gesteuert werden von 40 bis 150 µm und mehr.

Pulverbeschichten mit pigmentfreier Oberschicht

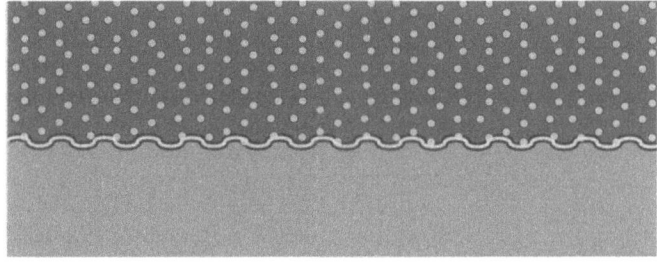

Pigmentfreie Oberschicht für Sonderbeanspruchung und metallisierte Farben, mit weitgehend beliebigfarbiger pigmentierter Unterschicht, in einem Arbeitsgang homogen verschmolzen.

3.7 Mineralische Bindemittel [36]

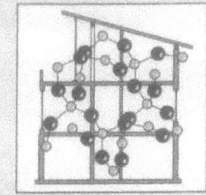

Gips (Kalziumsulfat)
Gips wird durch Erhitzen (Brennen) und Mahlen aus natürlichem Gipsstein gewonnen. Je nach Brenntemperatur entstehen Gipse mit verschieden grossen Anteilen an gebundenem Wasser.
- Die Baugipse werden bei niedriger Temperatur (120 bis 200 °C),
- die Estrichgipse bei hoher Temperatur (900 bis 1000 °C) gebrannt.
- Dazwischen liegen, entsprechend ihrem Hydratgehalt, die Ofengipse.

Alle gebrannten Gipse werden mit Wasser angemacht. Sie erhärten an der Luft rasch (innerhalb einiger Minuten) und unter Wärmeentwicklung. Das Austrocknen dauert länger und hängt von der Luftfeuchtigkeit der Umgebung ab.

Gips erreicht relativ hohe Biegezugfestigkeiten (Baugips über 2,5 N/mm^2), aber geringe Druckfestigkeiten; lediglich Estrichgips muss über 17 N/mm^2 Druckfestigkeit erreichen. Gips schwindet nicht. Diesen Eigenschaften entspricht die Verwendung der Gipse als Verputzmaterial, zu Gestaltungszwecken (Stukkatur) und für Unterlagsböden. Gips hat auch gute Wärmedämmeigenschaften und eignet sich sehr gut als Brandschutz. Seine Masshaltigkeit wird genutzt zur Herstellung von Bauelementen. Gips sollte nicht in feuchten Räumen verwendet werden, weil der Sulfatgehalt korrosionsfördernd wirken könnte.

Weisskalk
Weisskalk wird auch Fettkalk genannt und entsteht durch Erhitzen (Brennen) von natürlichem, reinem Kalkstein bei etwa 1100 °C.
- Das Brennprodukt (gebrannter Kalk, Ätzkalk oder Stückkalk) wird mit Wasser versetzt (gelöscht) und entwickelt dabei starke Wärme.
- Der gelöschte Kalk wird meist in Pulverform geliefert, seltener als teigige Masse (Sumpf- oder Grubenkalk).

Weisskalkmörtel brauchen zur Erhärtung Kohlensäure aus der Luft.

Sie erreichen geringe Festigkeiten (0,4 bis 0,8 N/mm^2 Biegezug- bzw. Druckfestigkeit). Die feinporige Struktur des Weisskalkmörtels erlaubt die Aufnahme von Luftfeuchtigkeit; solche Mörtel eignen sich deshalb auch für Feuchträume mit wechselnder Luftfeuchtigkeit. Weisskalk wurde früher auch vom Maler verwendet. Er verhindert das Wachstum von Schimmelpilzen.

Hydraulische Kalke

«Naturzemente»
Unter diesen Sammelbegriff fallen jene Bindemittel, die «hydraulische» Eigenschaften (unter Wasser erhärtend) haben und in der Natur vorkommen. Je nach Herkunft werden sie Trass, Puzzolan oder Santorinerde genannt. Diese Stoffe wurden schon im Altertum für Mörtel und Beton (caementum) verwendet. Es handelt sich um vulkanische Aschen mit hohem Kieselsäuregehalt. In reiner Form werden Naturzemente heute selten verwendet, doch sind Mischungen mit Portlandzement möglich: Puzzolanzement, Santorinzement usw. Verglichen mit Portlandzement werden bei Gemischen die meisten Eigenschaften verschlechtert: Geringere Festigkeiten; Schwinden und Kriechen werden erhöht.

Hydraulischer Kalk HK
Er wird durch Brennen von Kalkmergeln oder Kieselkalken bei 900 bis 1000 °C erzeugt. Das Brennprodukt wird ungemahlen gelöscht und nach Lagertrocknung gemahlen. Wegen niedriger Brenntemperatur erfolgt die Kalksteinumwandlung (wie beim Weisszement) nur teilweise, weshalb im fertigen Produkt noch Kalkstein- und Tonanteile vorhanden sind. Die hydraulischen Eigenschaften rühren von den auch in Zementen enthaltenen Aluminat- und Silikatanteilen her.
«Biozemente» entsprechen teils den «Naturzementen», teils dem HK.

C.1.4 Zemente
Allen Zementen ist gemeinsam, dass sie aus in bestimmtem Verhältnis gemischten ton-, kieselsäure- und kalkhaltigen Rohstoffen (Kalkstein, Mergel, gegebenenfalls Bauxit) gewonnen werden. Das Gemisch wird aufbereitet und im Drehofen bei gegen 1450 °C bis zur Sinterung gebrannt. Das Brennprodukt (Zementklinker) wird gemahlen.

Chemisch-mineralogisch bestehen die Zemente vorwiegend aus Kalziumsilikaten und -aluminaten und Kalziumaluminatferrit. Das Mengenverhältnis dieser Bestandteile bestimmt die Eigenschaften der einzelnen Zementarten.

Normaler Portlandzement beginnt nach frühestens zwei Stunden abzubinden. Ein Beton mit 300 kg Portlandzement pro m^3 erreicht nach 28 Tagen eine Druckfestigkeit von über 30 N/mm^2.
Beim Abbinden und anschliessenden Erhärten erfolgt eine Volumenverminderung (Schwinden).

3. Anhang

3.8 Neue Bezeichnung der Zemente [38]

Seit 1. 1. 1994 gilt die Norm SIA 215.002 [63]: «Zement-Zusammensetzung, Anforderungen und Konformitätskriterien». Es handelt sich um die Europäische Vornorm ENV 197-1.

In dieser Norm werden nur Zemente behandelt, bei denen «das Erhärten in der Hauptsache auf der Hydratation von Calciumsilikaten beruht und die für eine allgemein übliche Anwendung vorgesehen sind».

Neue Bezeichnung der Zementtypen

Haupttypen
Es gibt fünf Hauptzementtypen (I bis V), die zwischen 5 und 100 % Portlandzementklinker (abgekürzt «K») enthalten. Sie sind in untenstehender Tabelle aufgeführt.

Zement-art	Bezeichnung	Massenanteile in %	
		Klinker	Zusatz-stoffe
I	Portlandzement	95 bis 100	0
II	Portlandkompositzement	65 bis 94	6 bis 35
III	Hochofenzement	5 bis 64	36 bis 95
IV	Puzzolanzement	45 bis 89	11 bis 55
V	Kompositzement	20 bis 64	36 bis 80

Die fünf Hauptzementarten

Zusatzstoffe
Neben Portlandzementklinker («K») können die normierten Zemente
- Hochofenschlacke (Hüttensand, abgekürzt «S»),
- Silicastaub («D»),
- natürliche und industrielle Puzzolane («P» bzw. «Q»),
- kieselsäurereiche und kalkreiche Flugaschen («V» bzw. «W»),
- gebrannte Schiefer («T») oder
- Kalkstein («L») enthalten.

Abhängig von der Zusatzstoffart und -menge lassen sich die fünf Hauptzementtypen in insgesamt 25 Zementarten unterteilen.

Festigkeitsklassen
Basierend auf der 28-Tage-Druckfestigkeit werden die Zemente in drei Festigkeitsklasen unterteilt, die den geforderten Mindestdruckfestigkeiten 32,5 bzw. 42,5 bzw. 52,5 N/mm^2 entsprechen (folgende Tabelle).

Frühfestigkeit
Eine weitere Unterteilung erfolgt aufgrund der Abbindegeschwindigkeit. Zemente mit einer hohen 2-Tage-Festigkeit werden mit R gekennzeichnet.

Festigkeits-klasse	Druckfestigkeit [N/mm^2]		
	Anfangsfestigkeit		Normfestigkeit
	2 Tage	7 Tage	28 Tage
32,5	–	≥ 16	≥ 32,5 / ≤ 52,5
32,5 R	≥ 10	–	≥ 32,5 / ≤ 52,5
42,5	≥ 10	–	≥ 42,5 / ≤ 62,5
42,5 R	≥ 20	–	≥ 42,5 / ≤ 62,5
52,5	≥ 20	–	≥ 52,5
52,5 R	≥ 30	–	≥ 52,5

Mechanische und physikalische Anforderungen

Normbezeichnung
Die Zemente sind mit mindestens folgenden Angaben zu kennzeichnen:
- CEM steht für einen europäisch normierten Zement
- Zementart
- Normfestigkeitsklasse und Anfangsfestigkeit gemäss Tabelle «Mechanische und physikalische Anforderungen».

Beispiel: CEM I 42,5 ist ein Portlandzement der Normfestigkeitsklasse 42,5, der 95 bis 100 % Portlandzementklinker enthält.

In der Schweiz wurden bisher hauptsächlich Zemente des Haupttyps I verwendet, d.h. reine Portlandzemente:

Alte Zementsorte:	*Neue Zementsorte:*
PC, «der» Zement	**CEM I 42,5**
HPC	CEM I 52,5.

Bedingt durch die geringen Unterschiede zwischen alten und neuen Zementsorten ist bei diesen beiden eine neue Betonklassifizierung nicht erforderlich.

Zemente mit höherer Sulfatbeständigkeit werden in der ENV 197-1 nicht normiert. In der Schweiz wird ihre Bezeichnung dennoch der neuen Norm angepasst, indem sie mit dem Zusatz «HS» versehen und aufgrund ihrer 28-Tage-Festigkeit in die betreffende Festigkeitsklasse eingeteilt werden:

Alte Bezeichnung	*Neue Bezeichnung*
PCHS	CEM I HS 32,5/42,5
HPCHS (hochwert. PC mit hoher Sulfatbest.)	CEM I HS 42,5/52,5.

Wahrscheinlich werden insbesondere die drei folgenden Zemente neu auf dem Markt erscheinen:
- CEM I 32,5   ein Portlandzement,
- CEM II/A-L   ein Portlandkalksteinzement und
- CEM II/A-D   ein Portlandsilicastaubzement (z.B. für Spritzbeton).

3.9 Konstruktiver Bautenschutz [52]

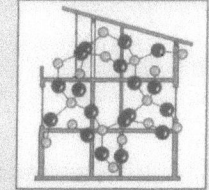

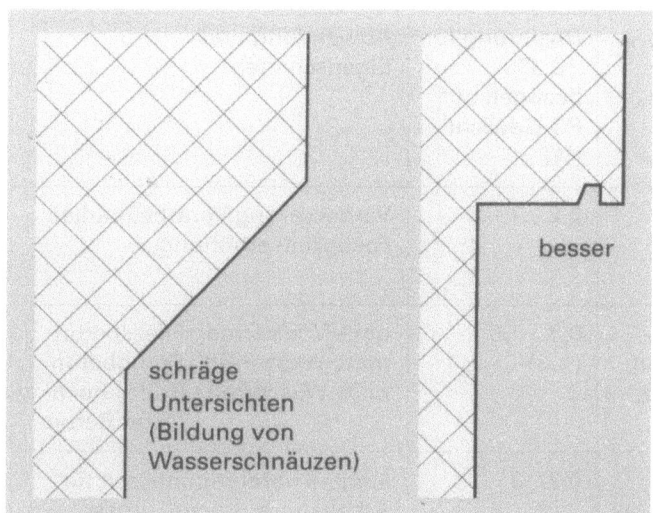

Bei überstehenden Teilen an bewitterten, senkrechten Flächen sind schräge Untersichten wegen der Bildung von Wasserschnäuzen zu vermeiden.

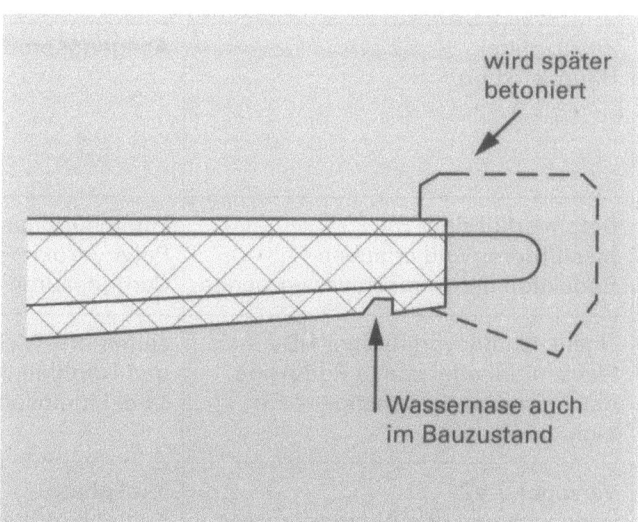

Verfärbungen der Untersicht der Brückenkonsole lassen sich vermeiden, wenn auch eine Wassernase für den Bauzustand vorgesehen wird.

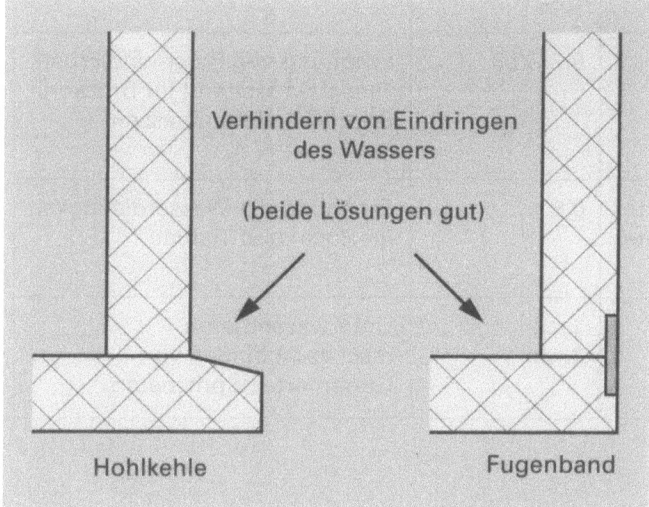

Wasser kann bei Betonierfugen am Eindringen gehindert werden, wenn Hohlkehlen oder Fugenbänder angeordnet werden.

3. Anhang

3.10 Betonzusatzmittel/Bauschädliche Salze

Zusatzmittel Hauptwirkung	Ausgangsprodukte	Dosierung für PC 300 bezogen auf PC-Gewicht [%]	Anwendung und Eigenschaften
Betonverflüssiger BV plastifizieren und erlauben Reduktion der Anmachwassermenge	Ligninsulfonate, Polyhydroxi-Carbonsäuren	0,2...1	Verbesserung Verarbeitbarkeit, Festigkeitserhöhung
Hochleistungsverflüssiger HBV Fliessmittel oder starke Reduktion der Anmachwassermenge Ligninsulfonate	sulfonierte Melamin- und Naphtalinkondensate, Ligninsulfonate	0,8...1,5 (...3)	ohne Wasserred.: Fliessbeton mittl. Wasserred.: Pumpbeton max. Wasserred.: (früh-) hochfester Beton
Verzögerer VZ verlangsamen den Abbindeprozess des Zementes	Phosphate, Kohlenhydrate	0,2...3	längere Verarbeitungszeit für Arbeitsunterbrüche, grosse Kubaturen, lange Transportzeit, hohe Temperatur
Frostschutzmittel FS beschleunigen das Abbinden und Erhärten bei niedrigen Temperaturen	Aluminate, Silikate	1...2	Betonieren bei tiefen Temperaturen, Winterbeton
Luftporenbilder LP verringern die Oberflächenspannung des Wassers, führen durch mech. Mischprozess feine Luftporen ein	Alkylarylsulfonate, Vinsol-Resin, synth. Netzmittel	0,2...0,3	Erhöhung von Frost- und Frost-Tausalzwiderstand für Brücken, Bordüren, Betonstrassen
Dichtungsmittel DM hindern Fortbewegung des Wassers in Kapillaren	Eiweissabbauprodukte, Silikate, Metallstearate	0,5...1	Erhöhung der Wasserdichtigkeit im Hoch- und Tiefbau
Beschleuniger BE beschleunigen Ansteifen und Erstarren	Aluminate, Silikate, Karbonate	1...2 3...8	Unterwasserbeton, rasches Abbinden von Gunitmörtel, Spritzbeton

Gebräuchlichste Betonzusatzmittel

	Name	Vorkommen
$MgSO_4 \cdot 7\,H_2O$	Bittersalz, Magnesiumsulfat	Naturstein
$CaSO_4 \cdot 2\,H_2O$	Gips, Kalziumsulfat	Beton, Putz, Ziegel- und Natursteinmauerwerk
$Na_2SO_4 \cdot 10\,H_2O$	Glaubersalz, Natriumsulfat	Ziegel- und Natursteinmauerwerk
$CaO \cdot Al_2O_3 \cdot 3\,CaSO_4 \cdot 32\,H_2O$	Ettringit, Trisulfat	Beton
$5\,Ca(NO_3)_2 \cdot 4\,NH_4NO_3 \cdot 10\,H_2O$	Kalksalpeter	Stallungen
$CaCl_2 \cdot 6\,H_2O$	Kalziumchlorid	Tausalze
$NaCl$	Kochsalz, Natriumchlorid	
$Na_2CO_3 \cdot 10\,H_2O$	Soda, Natriumkarbonat	Natursteinflächen, die mit Wasserglas behandelt wurden

Bauschädliche Ausblühungen, Salze und Hydrate

3.11 «Polymer Cement Concrete» (PCC) [23]

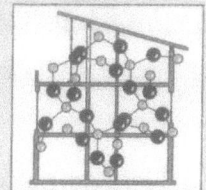

Polymergebundene und polymermodifizierte, zementgebundene Werkstoffe
Neben dem direkten Einsatz von Polymeren lassen sich durch Zusatzstoffe, wie z.B. Quarz und Zement, die Eigenschaften der Polymere variieren.

Definitionen
Die bei der Instandsetzung verwendeten Materialien lassen sich grob in drei Gruppen einteilen, die nach internationaler Sprachregelung entsprechend dem Polymer-Anteil wie folgt unterschieden werden:

    CC = Cement Concrete

Der Beton hat keinen nennenswerten Kunststoffanteil, jedoch können in relativ geringfügigen Mengen hochwirksame Zusatzmittel wie Verzögerer, Verflüssiger, Luftporenbildner usw. hinzugefügt werden.

    PCC = Polymer Cement Concrete

Der Beton ist durch Zusatz von bis zu 20 % Polymeranteil, bezogen auf das Trockengewicht des Zementes, modifiziert. Verwendet werden wässrige Dispersionen oder Emulsionen, die mit dem Zement zusammen als Bindemittel wirken.

    PC = Polymer Concrete

Bei dem auch als Polymerbeton oder Reaktionsharzbeton bezeichneten Werkstoff wird nur ein Reaktionsharz als Bindemittel benutzt.

Zusammenfassend werden diese Materialien auch als *Instandsetzungsbetone* bezeichnet, da sie nur der Wiederherstellung der ursprünglich vorgesehenen oder erreichten Funktionsfähigkeit eines Tragwerkes oder eines Bauwerkes dienen.

W/Z-Wert:	etwa 0,44
K/Z-Wert:	etwa 0,06 bis 0,15
Luftporengehalt:	etwa 3,5 %
Druckfestigkeit:	35 bis 40 N/mm²
Biegezugfestigkeit:	12,5 bis 16,9 N/mm²
Zugfestigkeit:	2 bis 5 N/mm²
E-Modul:	9000 bis 11000 N/mm²
Lineare Wärmedehnung ε_t:	12 bis 15 · 10^{-6} m/m
Schwinden ε_s:	1,2 bis 2,0 mm/m
Wasseraufnahme in %:	> 5

Eigenschaften von PCC

Polymermodifizierte Zementmörtel und -betone (PCC)

Zusammensetzung
Der PCC setzt sich aus Zement, Zuschlag und einer Polymerdisperion bzw. einem Dispersionspulver zusammen. Zum Anmachen des Materials wird Wasser zugesetzt. Beim verwendeten Zement handelt es sich um handelsüblichen Portlandzement. Spezialzemente werden in der Regel nicht eingesetzt. Für die Anforderungen an die Zuschläge bzw. Füllstoffe gelten die Regeln, die aus der Betontechnologie bekannt sind. Als Polymere, die in Form einer Dispersion oder als Dispersionspulver verwendet werden, kommen vor allem Polyvinylacetat, Polyvinylpropionat und Polyacrylester zum Einsatz.

Eigenschaften
Dem Zusatz von Polymerdispersionen zum Mörtel bzw. Beton wird eine eigenschaftsverbessernde Wirkung zugeschrieben. Polymerdispersionen wirken im Mörtel bzw. Beton verflüssigend, d.h. dass die Verarbeitbarkeit bei gegebenem W/Z-Wert sich verbessert bzw. der W/Z-Wert sich ohne Reduzierung der Verarbeitbarkeit verringern lässt. Die Vorteile dieses Zusammenhangs sind aus der Betontechnologie bekannt.

Anwendung
Zusammengefasst lässt sich sagen, dass die materialspezifischen Eigenschaften des PCC entscheidend von der Art und Menge des verwendeten Polymers abhängen. Die Herstellung erfordert daher eine genaue Kontrolle der Parameter, um einen PCC mit gleichbleibendem Eigenschaftsprofil herzustellen. Bei sorgfältiger Untergrundvorbehandlung und ausreichender Nachbehandlung lassen sich auch mit relativ niedrigen Schichtdicken z.B. Betoninstandsetzungen durchführen, die langfristig erfolgreich sind.

3. Anhang

3.12 Wärmedämmung [24]

Eigenschaften in Anlehnung an SIA 381.1	Rohdichte ρ [kg/m³]	Wärmeleitfähigkeit λ [W/mK]	Dampfdiffusionswiderstandszahl μ [–]	Dampfleitfähigkeit λ_D [mg/mhPa]
Polystyrol expandiert (EPS)	15...18 20...28 > 30	0,024 0,038 0,036	20...40 30...70 40...100	0,030...0,015 0,020...0,009 0,015...0,006
Polystyrol extrudiert (XPS) – ohne Schäumhaut – mit Schäumhaut	> 25 > 30	0,036 0,034	80...50 80...300	0,008...0,004 0,008...0,002
Polyurethan (PUR)	30...80	0,030	30...100	0,020...0,006
Polyisocyanurat (PIR)	35...80	0,030	30...100	0,020...0,006
Polyethylen (PE)	30...50	0,050	400...2'000	0,002...0,0003
Harnstoff-Formaldehyd (UF)	6...50	0,046	2...10	0,320...0,065
Polyvinylchlorid (PVC)	20...40	0,038	240...700	0,003...0,001

Wärmedämmung

		EPS	XPS	PUR	PIR	UF	PVC
A	**Aussenwand**						
A 1	Aussendämmung	X					
A 1.1	Kompaktfassade	X					X
A 1.2	Hinterlüftete Fassaden	X	X	X		X	X
A 2	Innendämmung	X				X	X
A 3	Ausfüllen von Hohlräumen	X		X	X	X	
B	**Wände**						
B 1	Kaltseitige Dämmung	X	X	X	X		X
B 2	Warmseitige Dämmung	X	X	X	X		X
C	**Wände gegen Erdreich**						
C 1	Aussendämmung	X	X				X
C 2	Innendämmung	X	X				X
D	**Schrägdach**						
D 1	Wärmedämmung von aussen	X	X	X	X	X	
D 1.1	Dämmung und Unterdach separat	X	X	X	X	X	X
D 1.2	Dämmende Unterdachsysteme	X		X	X		
D 2	Wärmedämmung von innen	X				X	
D 2.1	Zwischen den Sparren	X				X	X
D 2.2	Unter den Sparren	X	X	X	X	X	X
D 3	Zwischen den Sparren Hohlraumfüllung (Nachisolation)					X	
E	**Flachdach**						
E 1	Warmdach	X	X	X	X		
E 1.1	Umkehrdach		X				
E 1.2	Konventioneller Aufbau	X					X
E 2	Kaltdach	X					X

Anwendungsbereich von Schaum-Kunststoffen im Hochbau

3.13 Fugendichtungsmassen

Fugen (SIA V 274 [53])
Fugendichtungsmassen haben die Aufgabe, Bauwerksbewegungen aufzunehmen und dabei gleichzeitig eine Dichtungsfunktion zu erfüllen. Aufgrund der zu erwartenden maximalen Gebäudebewegungen sind die Fugendichtungsmassen entsprechend der eigenen maximalen Bewegungsaufnahmen und ihren anderen Eigenschaften auszuwählen.
Die untenstehende Tabelle gibt eine Übersicht über die wichtigsten Eigenschaften der gebräuchlichsten Werkstoffe für Fugendichtungsmassen.

Werkstoffbasis	Abbindezeit	Maximale Bewegungsaufnahme	Bemerkungen
Kautschuk-Bitumenmassen	lufttrocknend	etwa 3 bis 5 %	empfindlich gegenüber höheren Temperaturen und Lösungsmitteln
Polyisobutylen	lufttrocknend	etwa 3 bis 5 %	empfindlich bezüglich Weiterreissen
Butylkautschuk	lufttrocknend	etwa 3 bis 5 %	empfindlich gegenüber Lösungsmitteln
Acrylmassen, lösungsmittelhaltig	lufttrocknend	etwa 3 bis 5 %	empfindlich gegenüber tiefen Temperaturen
Nitril-Butadien-Kautschuk	lufttrocknend	etwa 10 bis 15 %	besonders öl- und benzinbeständig
Acrylmassen auf Dispersionsbasis	lufttrocknend	etwa 10 bis 15 %	empfindlich gegenüber Lösungsmitteln und tiefen Temperaturen
Polyurethan	chemisch vernetzend	etwa 15 bis 25 %	Einsatz besonderer Primer, bedingt UV-beständig
Polysulfid	chemisch vernetzend	etwa 15 bis 25 %	Einsatz in grossem Temperaturbereich, bedingt UV-beständig
Silicon	chemisch vernetzend	etwa 15 bis 25 %	relativ universell einsetzbar, empfindlich gegenüber Säuren und Laugen

Fugendichtungsmassen

Elastomere	Oxidation	Mineralöl	organisches Lösungsmittel	Wasser, Säuren, Basen
Naturkautschuk	p	p	–	p
Chlorkautschuk	+	+	–	+
Polysulfidkautschuk	+	+	+	p
Siliconkautschuk	+	+	p	p
Polyurethankautschuk	+	+	+	p

+: beständig
p: partiell beständig
–: unbeständig

Beständigkeit wichtiger Elastomere

3. Anhang

3.14 Abdichtungssysteme [33]

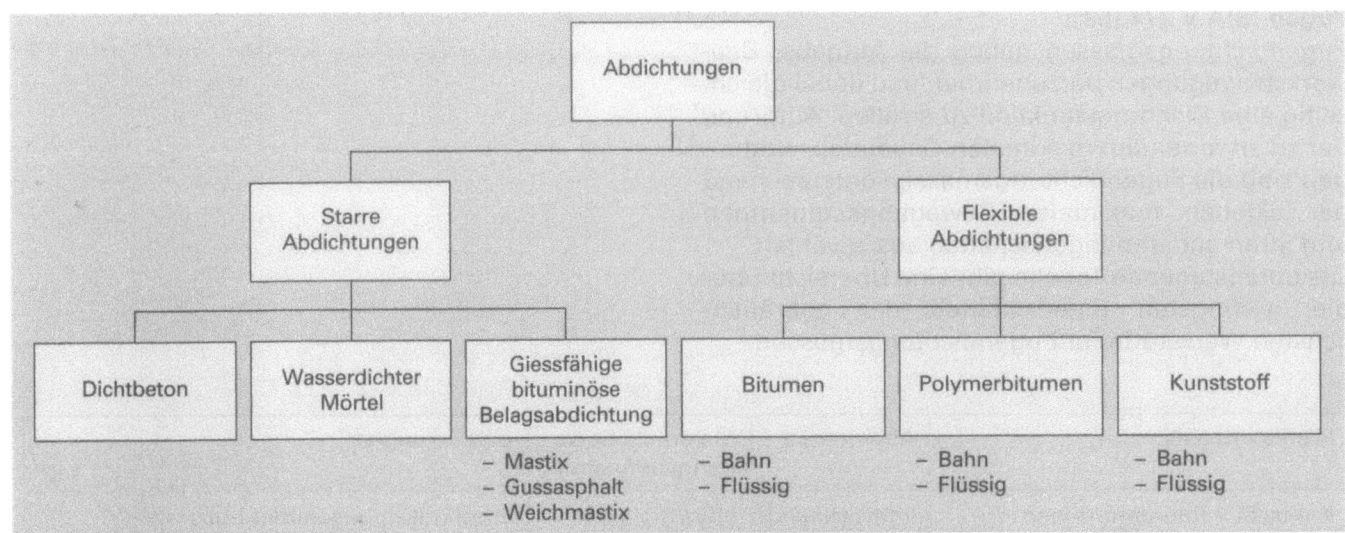

Gliederung der Abdichtungsarten

	Gussasphalt/ Mastix	Bitumen-Dichtungsbahn (BD)	Polymerbitumen-Dichtungsbahn (PBD)	Kunststoff-Dichtungsbahn (KDB)	Flüssig-Kunststoff (FLK)
Grundwasserwannen					
Nichthaftend:					
– lose aufliegend (Nähte geschweisst, mit Randbefestigung)		X	X	X	
Vollflächig haftend:					
– Heissbitumen		X	X		
– Flämmen		X	X		
– Kaltkleber (Nähte geschweisst)				X	
– Spritzen					X
– Rollen, Streichen					X
Flachdach					
Nichthaftend:					
– Schwimmend (mit Randverklebung)	X				
– Lose aufliegend (Nähte geschweisst, mit Randbefestigung)		X	X	X	
Vollflächig haftend:					
– Heissbitumen		X	X		
– Flämmen		X	X		
– Kaltkleber (Nähte geschweisst)				X	
– Spritzen					X
– Rollen, Streichen					X

Arten der Applikation von Abdichtungen

3.15 Oberflächenschutz [37]

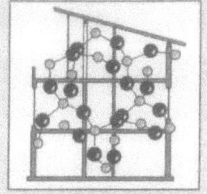

Kurzbeschreibung	Richtwerte für Hauptbindemittelsystem-spezifische Mindestschichtdicke	Hauptbindemittelgruppen
OS 1 Hydrophobierende Imprägnierung	–	Silan, Siloxan, Silikonharz
OS 2 Versiegelung für nicht befahrbare Flächen	50 µm	AY
OS 3 Versiegelung für befahrbare Flächen	50 µm	EP, AY, PUR
OS 4 Beschichtung für nicht befahrbare Flächen	80 µm	AY, PUR-AY
OS 5 Beschichtung für nicht befahrbare Flächen mit mindestens sehr geringer Rissüberbrückung	a) 300 µm b) 2000 µm	AY-Dispersion Propionat-Copolymere Dispersion Dispersions-Zementschlämmen
OS 6 Chemisch widerstandsfähige Beschichtung für mechanisch gering beanspruchte Flächen	500 µm	EP, PUR
OS 7 Beschichtung unter bituminösen Dichtungsschichten bei Brücken und ähnlichen Bauwerken	1 mm	EP
OS 8 Chemisch widerstandsfähige Beschichtung für befahrbare, mechanisch stark belastete Flächen	1 mm	EP
OS 9 Beschichtung für nicht befahrbare Flächen mit mindestens erhöhter Rissüberbrückung	1 mm	PUR
OS 10 Beschichtung als Dichtungsschicht unter bituminösen oder anderen Schutz- und Deckschichten mit sehr hoher Rissüberbrückung	2 mm	PUR
OS 11 Beschichtung für befahrbare Flächen mit mindestens erhöhter Rissüberbrückung	3 bis 5 mm	EP, PUR
OS 12 Beschichtung mit Reaktionsharzbeton bzw. Mörtel für befahrbare, mechanisch stark belastete Flächen	5 mm	EP

Reaktionsharze: EP: Epoxide
PUR: Polyurethane
AY: Acrylate

Literatur/Quellen

Weiterführende Literatur zum Kapitel 1
- E. Baumann: *Betonbau und Betontechnologie*, 1982, Baufachverlag, Zürich
- A. Heintz und G. Reinhardt: *Chemie und Umwelt*, 2. Auflage 1991, Verlag Vieweg, Braunschweig, Wiesbaden
- R. Hempfling und S. Stubenrauch: *Schadstoffe in Gebäuden*, 1994, E. Blattner Verlag
- E. Hornbogen: *Werkstoffe, Aufbau und Eigenschaften von Keramik-, Metall-, Polymer- und Verbundwerkstoffen*, 6. Auflage 1994, Springer Verlag, Berlin, New York
- R. Karsten: *Bauchemie, Handbuch für Studium und Praxis*, 9. Auflage 1992, C. F. Müller Verlag, Karlsruhe
- F. A. Klötzli: *Ökosysteme*, 3. Auflage 1993, Gustav Fischer Verlag, Stuttgart, Jena
- H. Knoblauch und U. Schneider: *Bauchemie*, 3. Auflage 1992, Werner Verlag, Düsseldorf
- D. Knöfel: *Stichwort Baustoffkorrosion*, 2. Auflage 1982, Bauverlag GmbH, Wiesbaden und Berlin
- K. Krenkel: *Chemie des Bauwesens*, Band 1, *Anorganische Chemie*, 1980, Springer Verlag, Berlin, New York
- W. Schröter et al.: *Taschenbuch der Chemie*, 14. Auflage 1990, Verlag Harri Deutsch, Thun und Frankfurt
- O. Schwarz: *Kunststoffkunde*, 3. Auflage 1990, Vogel Buchverlag, Würzburg
- W. Seidel: *Werkstofftechnik*, 1990, Hanser Verlag, München und Wien
- D. Spreng: *Graue Energie, Energiebilanzen von Energiesystemen*, 1995, vdf Hochschulverlag AG an der ETH Zürich
- H. F. W. Taylor: *Cement Chemistry*, 1990, Academic Press Limited, London

Literatur- und Quellenverzeichnis zum Kapitel 2 und Anhang

[1] SIA-Dokumentation D030: *Einsatz von Nichtrostenden Stählen im Bauwesen* (1988)
[2] Ladner M., SIA-Dokumentation 98: *Korrosion von Stählen im Bauwesen* (1985)
[3] *Schweiz. Stoffverordnung* (Verordnung über umweltgefährdende Stoffe), BUWAL, Bundesamt für Umwelt, Wald und Landschaft, Sektion umweltgefährdende Stoffe, Hallwylstr. 4, 3003 Bern
[4] Heintz A. und Reinhardt G.: *Chemie und Umwelt*, Vieweg Braunschweig (1991)
[5] DIN 4030: *Betonaggressive Wässer und Böden* (1969)
[6] Jungwirth D. et al.: *Dauerhafte Betonbauwerke*, Betonverlag Düsseldorf (1986)
[7] Norm SIA 162: *Betonbauten* (1989)
[8] Norm SIA 162/1: *Materialprüfung* (1989)
[9] Norm SIA 215: *Mineralische Bindemittel* (1978)
[10] Schweiz. Arbeitsgemeinschaft für Umweltberatung, Postfach 1055, 4001 Basel
[11] *Instandsetzung von Stahlbetonoberflächen*, Betonverlag Düsseldorf (1989)
[12] Bindschedler D., SIA-Dokumentation D055: *Sicherheit und Dauerhaftigkeit von Befestigungssystemen* (1990)
[13] Elsener B., SIA-Dokumentation D021: *Schutz- und Sanierungsmethoden: Einsatz epoxidbeschichteter Stähle* (1988)
[14] Impulsprogramm Haustechnik: *Luftaustausch in Gebäuden*, EDMZ Bern (1988)
[15] Kuhn M. und Wanner H.U.: *Verunreinigung der Raumluft durch Materialien*, Sozial- und Präventivmedizin 27, 260-261 (1982)
[16] *Formaldehyd in Innenräumen*, BAG Bundesamt für Gesundheitswesen, Abt. Gifte, Postfach 2644, 3001 Bern
[17] Keppler E.: *Die Luft in der wir leben*, Piper München (1988)
[18] Entwurf: *Richtlinie über die Entsorgung und den Gewässerschutz auf der Baustelle*, Kanton Zürich, Direktion der öffentlichen Bauten (1992)
[19] Peter G.: *Lehren aus der Katastrophe von Uster*, Schweiz. Fachzeitschrift für Gebäudeunterhalt 3 (1985)
[20] Empfehlung SIA 271: *Flachdächer* (1986)
[21] Morath H.: *Handbuch für Spenglerarbeiten*, Eigenverlag, Postfach 433, 4010 Basel (1983)
[22] Schweiz. Gesellschaft für Korrosionsschutz, Seefeldstr. 301, 8034 Zürich
[23] Gerdes A., Institut für Baustoffe, ETH Hönggerberg, 8093 Zürich
[24] *Sarna-aktuell 1* (1986), Sarna Kunststoff AG, CH-6060 Sarnen
[25] *Empfehlung für die Ableitung von Abwässern aus Kondensationsheizungen (Brennwertkessel)*, Dokumentationsdienst BUWAL, 3003 Bern
[26] *Cementbulletin 3* (1992), TFB, Postfach, 5103 Wildegg
[27] *Richtlinien zur Anwendung von epoxidharzbeschichteten Betonstählen*, Bundesamt für Strassenbau, Bern (1991)
[28] SIA-Dokumentation D 093: *Deklarationsraster für ökologische Merkmale von Baustoffen* (1992)
[29] SUVA Luzern: *Arbeitshygienische Grenzwerte* (1990)
[30] Eidg. Dep. des Innern: *Luftreinhalteverordnung* LRV (1991)
[31] Eidg. Dep. des Innern: *Technische Verordnung über Abfälle* TVA (1990)
[32] Richard M.: *Einführung in die Bauchemie*, Berufsschule, 8400 Winterthur (1993)

Literatur/Quellen

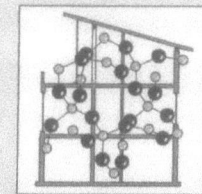

[33] IP-Bau (Impulsprogramm Bau): *Schutzsysteme im Tief- und Ingenieurbau*, EDMZ Bern (1992)

[34] IP-Bau (Impulsprogramm Bau): *Betoninstandsetzung mit System*, EDMZ Bern (1993)

[35] Wolfseher R.: *Die Sanierung von Stahlbeton*, Baufachverlag Dietikon (1994)

[36] Schweizer Bau-Dokumentation, Blauen

[37] Deutscher Ausschuss für Stahlbeton: *Richtlinien für Schutz und Instandsetzung von Betonbauteilen*, Beuth Verlag Berlin (1990)

[38] *Cementbulletin 6* (1994), Technische Forschungs- und Beratungsstelle der Schweiz. Zementindustrie, Wildegg

[39] IP-Holz (Impulsprogramm Holz): *Bemessungsanleitung für Holzwerkstoffe HWS*, EDMZ Bern (1991)

[40] Norm SIA 280: *Kunststoff-Dichtungsbahnen*, Anforderungswerte und Materialprüfung (1983)

[41] Norm SIA 281: *Bitumen- und Polymerbitumen-Dichtungsbahnen*, Anforderungswerte und Materialprüfung (1991)

[42] Norm SIA 161: *Stahlbauten* (1990)

[43] Richtlinie des SKI 35 (1987)

[44] Empfehlung SIA 382/1: *Technische Anforderungen an lüftungstechnische Anlagen* (1992), in verlängerter Vernehmlassung

[45] Norm SIA 385/3: *Warmwasserversorgungen für Trinkwasser in Gebäuden* (1991)

[46] Norm SIA 385/1: *Anforderungen an das Wasser und an die Wasseraufbereitungsanlagen in Gemeinschaftsbädern* (1982)

[47] *Giftgesetz*, Kantonales Laboratorium Zürich, Abteilung Stoffe und Gifte, 3. Auflage 1993, Zürich

[48] Bundesamt für Gesundheitswesen, *Giftliste 1 (Stoffe)*, Bern (1991)

[49] *Amtsblatt der Europäischen Gemeinschaften ABl. L180 samt Anhängen L180A* (8.7.1991)

[50] *Verordnung über den Verkehr mit Sonderabfällen* (Kanton Zürich), in Vorbereitung

[51] Firmenprospekt (Seite 84)

[52] TFB Wildegg, Technische Forschungs- und Beratungsstelle der Schweiz. Zementindustrie, Wildegg

[53] Empfehlung SIA 274: *Fugenabdichtungen in Mauerwerken* (1987), in verlängerter Vernehmlassung

[54] Peter G.: *Vorlesungsmanuskript Ökologie*, TWI, Winterthur (1995)

[55] Aquamerck® 11 112: *Wasserlabor für die Bauindustrie zur Untersuchung von betonangreifendem Wasser*, Merck, Darmstadt

[56] Empfehlung SIA 162/2: *Bestimmung des Chloridgehaltes in Beton* (1990)

[57] Sarnafil AG, Industriestrasse, CH-6060 Sarnen

[58] Norm SIA 160: *Einwirkungen auf Tragwerke* (1989)

Glossar

Aggregatzustand:
Zustandsform: fest, flüssig, gasförmig

Aktivierungsenergie:
Benötigte Energie, um eine chemische Reaktion in Gang zu setzen

Aldehyde:
Kohlenwasserstoffe mit einer –CHO-Gruppe

Alkohole:
Kohlenwasserstoffe mit einer –OH-Gruppe

Alterung von Kunststoffen:
Versprödung unter Einwirkung von UV-Licht oder infolge Auswanderung des Weichmachers, usw.

Amide:
Verbindungen von Aminen mit Carbonsäuren (unter Wasserabspaltung)

Amine:
Leiten sich von Ammoniak durch Substitution der H-Atome durch Alkylreste ab

Analyse:
Zerlegung eines Stoffes

Anionen:
Negativ geladene Ionen in Salzen

Anode:
Bereiche bei Metallen mit Elektronenmangel; diese Bereiche korrodieren

Aromaten:
Bindungssystem mit zyklisch angeordneten, konjugierten Doppelbindungen

Atome:
kleinste, chemisch nicht mehr weiter auftrennbare Teilchen eines Stoffes

Atombindung:
Gemeinsame Elektronenpaare zwischen Nichtmetallatomen; ergibt starke chemische Bindungen, die durch Wasser nicht gelöst werden können

Atomkern:
Massereiches, praktisch punktförmiges Zentrum eines Atoms; ist aus Nukleonen (Protonen und Neutronen) zusammengesetzt

Basen:
Stoffe, die in Anwesenheit von Wasser Hydroxidionen (OH^-) freisetzen und einen pH-Wert von mehr als 7 ergeben; es handelt sich dabei insbesondere um kalk- oder zementgebundene Baustoffe

Belüftungselement:
Form der Korrosion bei Metallen, wenn am gleichen Metall nebeneinander stärker und schwächer belüftete Stellen auftreten

Beschleuniger:
Betonzusatzmittel; beschleunigt den Abbindeprozess des Zements

Carbonsäuren:
Kohlenwasserstoffe mit einer Gruppierung, welche H^+-Ionen abzuspalten vermag (–COOH)

Chemische Bindung:
Zusammenhalt der Atome durch starke Kräfte; man unterscheidet primär:
– Metallbindung
– Ionenbindung
– Atombindung (kovalente Bindung)

Chemischer Vorgang:
Vorgang, bei dem Stoffe umgewandelt werden

Chlorid:
Anion des Chlors (Cl^-); ist Bestandteil des Koch- und Tausalzes und entsteht auch bei der Wasserdesinfektion mit Chlor; ist für die Metallkorrosion mitverantwortlich (Depassivator)

Dichtungsmittel:
Betonzusatzmittel; verbessert die Wasserdichtheit des erhärteten Betons

Diffusion:
Langsames Ein- und Durchdringen fester Körper von gasförmigen oder flüssigen Stoffen

Dispersion
Sehr fein verteilte Stoffe in einer Flüssigkeit; meistens handelt es sich um feinst verteilte Kunststoffe in Wasser (mit Hilfe von Dispersionsmitteln)

Dissoziation:
Zerfall eines Stoffes in Einzelteilchen, z.B. eines Salzes in Ionen (elektrolytische Dissoziation)

Doppelbindung:
Reaktionsfähige Stellen in organischen Stoffen (doppelte Atombindung)

Glossar

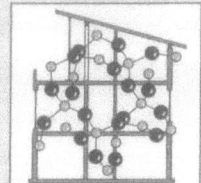

Duromere:
Dreidimensional stark vernetzte Kunststoffe im Gegensatz zu den Elastomeren, die weniger stark vernetzt sind

Edle Metalle:
Metalle, die ein positiveres Potential als die Normalwasserstoffelektrode besitzen; sie sind im allgemeinen sehr korrosionsbeständig

Elastomere:
Dreidimensional vernetzte Kunststoffe; weisen eine gute Beständigkeit gegenüber Wärme und Lösungsmitteln auf

Elektrische Leitfähigkeit:
Materialspezifische Grösse für die Fähigkeit, Ladungen zu transportieren.
Man unterscheidet:
- Leiter 1. Klasse: Verschiebung von Elektronen in Metallen
- Leiter 2. Klasse: Verschiebung von Ionen in Elektrolytlösungen

Elektronen:
Bestandteile aller Atome; negativ geladene Elementarteilchen

Epoxid:
Duromer; Handelsname: z.B. Araldit

Ester:
Verbindungen von Alkoholen mit Säuren (unter Wasserabspaltung)

Ether:
Kohlenwasserstoffe mit Sauerstoffbrücken zwischen den C-Atomen

Ettringit:
Voluminöse Verbindung, die entsteht, wenn auf den erhärteten Beton gips- oder sulfathaltige Wässer einwirken; sprengt den Beton

Friedelsches Salz:
Salz im Zementstein ($3CaO \cdot Al_2O_3 \cdot CaCl_2 \cdot 10H_2O$), durch welches Chloride gebunden werden und somit nicht mehr für die Korrosion der Bewehrung zur Verfügung stehen

Galvanisches Element:
Kombination zweier verschiedener Metalle über einen Elektrolyt; ist eine mögliche Ursache von Korrosion

Gelporen:
Feinste Hohlräume im Zementstein (ø 10^{-8} bis 10^{-9} m); haben für die Betoneigenschaften keine Bedeutung

Gemenge:
- heterogene, mehrphasige Systeme
- homogenes, einphasiges System

Gipstreiben:
Siehe Ettringit

Glas:
Mineralischer Baustoff (Na-/Ca-Silikate); ungeordneter (glasartiger oder amorpher) Aufbau der festen Stoffe (Gegensatz = kristalliner Aufbau)

Halogenierte Kohlenwasserstoffe:
Kohlenwasserstoffe mit teilweise oder vollständig durch Halogene substituierten H-Atomen

Härter:
Komponente bei Zweikomponentensystemen; vernetzt chemisch reaktionsfähige Polymere

Heizwert:
Wärmemenge, die ein Stoff beim Verbrennen liefert

Hydratation:
Erhärtungsreaktion beim Abbinden des Zements; die Zementbestandteile (Klinker) werden in kristalline Hydratphasen umgewandelt

Ideale Gase:
Gase, deren Moleküle keinen gegenseitigen Anziehungskräften unterliegen

Imprägnierung:
Behandlung von Betonoberflächen (Bautenschutzmassnahme) mit Hydrophobierungsmitteln (nichtfilmbildend) und mit Versiegelungen/Lasuren (filmbildend)

Ionen:
Elektrisch geladene Atome/Moleküle:
- positiv geladen: Kationen
- negativ geladen: Anionen

Ionenbindung:
Durch elektrostatische Kräfte zusammengehaltene Ionen eines Salzes

Ionengitter:
Regelmässige räumliche Anordnung der Kationen und Anionen eines Salzes im festen Zustand

Glossar

Ionenleiter:
Leitung des elektrischen Stromes durch frei bewegliche Ionen eines Salzes im geschmolzenen oder gelösten Zustand

Ionentauscher:
Stoffe, die ihre eigenen Ionen gegen andere austauschen können; werden für die Wasserenthärtung verwendet, wobei Kalziumionen gegen Natriumionen ausgetauscht werden

Kalziumhydroxid:
$Ca(OH)_2$; kommt vor als Bindemittel (gelöschter Kalk) sowie als Abbindeprodukt des Portlandzements; ist für die Karbonatisierung des Betons mitverantwortlich

Kapillarporen:
Hohlräume im Zementstein (ø 10^{-8} bis 10^{-5} m), die durch chemisch nicht gebundenes Anmachwasser (W/Z > 0,4) entstehen; in ihnen werden Wasser und darin gelöste Schadstoffe im Beton transportiert; sie sind für Frostschäden mitverantwortlich

Karbonathärte:
Teil der Wasserhärte

Karbonatisierung:
Reaktion des Kalziumhydroxids $Ca(OH)_2$ im Beton mit dem Kohlendioxid der Luft CO_2; ergibt $CaCO_3$ und vermindert den pH-Wert des Betons; dadurch ist die Bewehrung nicht mehr korrosionsgeschützt

Kathode:
Bereich bei Metallen mit Elektronenüberschuss; diese Bereiche sind vor Korrosion geschützt

Kathodischer Korrosionsschutz:
Verfahren, das beispielsweise zum Schutz der Bewehrung vor Korrosion in Stahlbetonbauwerken angewandt wird

Kationen:
Positiv geladene Ionen in Salzen

Ketone:
Kohlenwasserstoffe, die in der Kette eine –CO– Gruppierung tragen

Kohlendioxid:
CO_2; entsteht beim Verbrennen organischer Stoffe und spielt bei der Karbonatisierung des Betons eine entscheidende Rolle

Kohlenwasserstoffe:
Verbindungen von Kohlenstoff mit Wasserstoff

Korrosion:
Zerstörung von Werkstoffen durch chemische oder elektrochemische Reaktion mit Bestandteilen der Umgebung; kann sowohl bei metallischen wie bei mineralischen Werkstoffen auftreten (Stahlkorrosion, Betonkorrosion, Korrosion von Natursteinen usw.)

Korrosionsschutz:
Massnahmen, welche die Korrosion verhindern oder abschwächen, z.B.:
- bei Metallen: Beschichten, Eloxieren u.ä.m.
- bei mineralischen Baustoffen: Oberflächenschutz, Abdichten, konstruktiver Bautenschutz

Kovalente Bindung:
Atombindung über gemeinsam beanspruchte Elektronenpaare, hauptsächlich zwischen Nichtmetallen

Kunststoffe:
Werkstoffe, die im wesentlichen aus makromolekularen, organischen Verbindungen bestehen, welche synthetisch oder durch Umwandlung von Naturprodukten entstehen

Lack:
Feinstmörtel; Kunststoffe in organischen Lösungsmitteln gelöst

Lochfrass:
Korrosionsform bei Metallen mit lokal starkem Metallabtrag

Lösungsmittel:
Niedermolekulare, organische Stoffe mit guter Lösungsfähigkeit; fördern den Treibhauseffekt und den Sommersmog

Luftporen:
Poren im Beton mit ø von 10^{-3} bis 10^{-2} m; wirken als Expansionsgefässe beim Gefrieren des Wassers in den Kapillarporen

Luftporenbildner:
Zusatzmittel im Beton zur Bildung von Luftporen

Metallbindung:
Art der chemischen Bindung in Metallen

Moleküle:
Kleinste, mit konventionellen physikalischen Methoden nicht weiter auftrennbare Teilchen eines Stoffes

Glossar

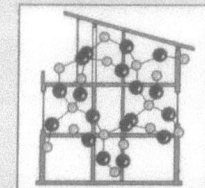

Monomere:
Reaktionsfähige, organische Kleinmoleküle; Vorstufe zu den Polymeren

Nachbehandlung:
Massnahme, die nach dem Einbringen des Betons in die Schalung vorgenommen wird, um seine Eigenschaften, insbesondere seine Dauerhaftigkeit, zu verbessern (z.B. Feuchthalten)

Neutralisation:
Reaktion beim Zusammenbringen von Säuren und Basen, bei der u.a. neutrales Wasser und ein Salz entstehen

Oxidation:
Entzug von Elektronen, beispielsweise durch Luftsauerstoff

Ozon:
Verbindung aus drei Sauerstoffatomen: O_3; bildet einen wichtigen Teil der Schutzhülle um die Erde zur Absorption der UV-Strahlung in 40 bis 50 km Höhe

PAK:
Polyaromatische Kohlenwasserstoffe, mehrfache Ringsysteme

Passive Metalle:
Bilden bei allseitiger Belüftung eine schützende Oxidschicht auf der Metalloberfläche, z.B. Aluminium

Passivierung:
Bewirkt eine erhöhte Beständigkeit der Metalle gegenüber Korrosion; kann infolge von Chlorideinwirkung zerstört werden (Depassivierung)

Periodisches System:
Systematische Anordnung der chemischen Elemente nach steigender Anzahl Protonen

Physikalische Bindung:
Schwache Kräfte zwischen den Molekülen; stark temperaturabhängig

Physikalischer Vorgang:
Vorgänge und Ereignisse ohne Stoffveränderungen, z.B. Änderung des Aggregatzustandes

Polymere:
Grossmoleküle (Makromoleküle), die aus Monomeren entstanden sind

Polymerisation:
Chemische Reaktion, bei der Monomere in Polymere übergeführt werden

Polyvinylchlorid:
PVC: wird aus Vinylchlorid durch Polymerisation hergestellt; Verwendung als PVC hart und PVC weich; enthält mehr als 50 % Chlor

Porosität:
Anteil der Hohlräume eines festen Stoffs; wird hauptsächlich als Quotient des Porenvolumens zum Gesamtvolumen des Stoffs angegeben

Primer:
Haftgrund zur Vorbehandlung von Oberflächen, auf die weitere Beschichtungen aufgetragen werden müssen zur Verbesserung der Haftung, (Untergrundvorbehandlung)

Reaktionsgleichung:
Beschreibt die Ausgangsstoffe und die Endstoffe einer chemischen Reaktion mit chemischen Symbolen

Reaktionswärme:
Bei chemischen Reaktionen freiwerdende oder aufgenommene Energie in Form von Wärme

Reduktion:
Zufuhr von Elektronen

Salze:
Feste Stoffe, die aus Ionen (Anionen und Kationen) bestehen und beim Auflösen in Wasser direkt in Ionen zerfallen

Säure:
Ein Stoff, der unter bestimmten Bedingungen Protonen (H^+) abspaltet

Silikone:
Organische Baustoffe, bei denen der gerüstbildende Kohlenstoff durch Silizium ersetzt ist; kommt häufig in den für Bautenschutz eingesetzten Beschichtungsstoffen vor

Spannungsrisskorrosion:
Korrosionsart, bei der neben der Einwirkung von Korrosionsmitteln auch noch eine mechanische, statische Beanspruchung vorhanden ist und zum Aufreissen des Gefüges führt

Sulfattreiben:
Siehe Ettringit

Synthese:
Aufbau komplexer Stoffe aus einfachsten Grundstoffen

Tausalz:
Wird zum Enteisen von Verkehrsflächen verwendet (NaCl); ist ein Hauptlieferant der Chloride

Thermoplaste:
Kunststoffe aus nicht vernetzten Makromolekülen; sind bei Raumtemperatur fest, können aber durch Erwärmen immer wieder aufgeweicht werden

Treiben:
Volumenvergrösserung, z.B. bei Beton durch Sulfateinlagerungen (siehe Ettringit)

Umweltverträglichkeitsprüfung:
Zusammenstellung der Umweltauswirkung einer Anlage, z.B. eines Bauwerks

Unedle Metalle:
Metalle, die leicht Elektronen abgeben, können aber durch Passivierung der Oberfläche dennoch korrosionsbeständig sein (z.B. Aluminium, Zink)

Verflüssiger:
Betonzusatzmittel, wodurch die Konsistenz des Frischbetons verändert wird, um eine bessere Verarbeitung ohne erhöhte Wasserzugabe zu erreichen

Verseifung:
Zerstörung organischer Stoffe durch Base

Verzögerer:
Betonzusatzmittel, wodurch der Abbindebeginn des Zements im Beton hinausgeschoben wird

VOC:
= Volatile Organic Compound: Flüchtige organische Verbindung (z.B. organische Lösungsmittel)

Wasser-Zement-Wert W/Z:
Gewichtsverhältnis des Wassers zum Zement in Beton und Mörtel; W/Z > 0,4; wichtigste Grösse in der Betontechnologie; beeinflusst alle Beton- und Mörteleigenschaften, insbesondere auch das Langzeitverhalten

Weiche Thermoplaste:
Art der Thermoplaste:
- weich innerlich: Polymer mit Seitenketten als Abstandhalter
- weich äusserlich: Polymer mit Zugabe von Weichmachern

Weissputz:
Innenputz mit Kalk und Gips als Bindemittel

Wetterfester Stahl:
Niedrig legierter, passiver Stahl (Corten)

Zementstein:
Erhärteter (abgebundener) Zementanteil im Beton, enthält die Poren

Zwischenmolekulare Kräfte:
Kräfte, welche die physikalischen Bindungen bewirken (Kohäsionskräfte)

π-Bindung:
Doppel- oder Dreifachbindung

σ-Bindung:
Einfachbindung

Stichwortverzeichnis

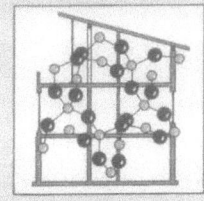

	Seite		Seite
Abbinden	52, 88	Beton	33, 50, 52, 58
Abdichten	62, 92	Betonagressives Wasser	44
Abdichtungssysteme	92	Bindung, chemische	8, 13, 45
Abschreibungszeiten	36	π-Bindung	24
Aceton	10, 73	σ-Bindung	24
Acetylen	10, 24, 73	Bindungsabstand	8
Aggregatzustand	3, 56	Biomasse	2, 30, 36
aktive Metalle	46	Biosphäre	37, 38
Aktivierungsenergie	15	Bitumen	63, 67
Aldehyde	27, 73	Blähmittel	30
Alkane	23, 27	Bohrsche Atommodelle	5
Alkene	24	Bruttoformel	4
Alkohole	27	Buntmetalle	66
Alterung	57		
Ameisensäure	28, 73	Carbonsäuren	27, 28
Amid	29	Celsiusskala	5
Amine	29	Chemie	2
Aminosäuren	29	Chemie des Kohlenstoffs	23
Ammoniak	17, 29, 73	Chemische Betonkorrosion	51
Ammoniumion	17	Chemische Bindung	8, 13, 45
Amorphe Stoffe	12	Chemische Symbole	4
Analyse	2	Chemische Vorgänge	3
Anforderungsprofil	31, 65	Chlor	8
Angriffsstellen, lokale	46	Chlorid	33, 41, 46, 52, 68
Anion	9	Chromnickelstähle	22
Anode	9, 45, 48	Copolymer	56
Anstrich	63		
Aromate	25	Dampfdruck	3
Athmosphäre	35, 37, 61	Dauerhaftigkeit	32, 35, 50, 52
Atombau	5	Deklarationsraster	31, 35, 38
Atombindung	9, 50, 56	Deponie	38, 79
Atome	4	Diamant	11
Atomgitter	11	Dichlormethan (Methylenchlorid)	30
Atomhülle	5	Dichtungsbahn	63
Atomkern	5	Dichtungsmittel	88
Atommassen	4, 72	Dickbeschichtung	62
Atommodell nach Bohr	5	Diethylether	27
Atommodell, Wellenmechanisches	6	Diffusion	44, 53
Atomorbitale	6, 23	Diffusionsäquivalente Luftschichtdicke	64
Ausgangsstoffe	4, 14	Diffusionswiderstand	34, 58, 64, 68
Avogadrokonstante	71	Dioxine	30
Azidtätskonstante	17	Dipolmoleküle	9
		Dispersion	59, 65, 89
Basen	16, 17, 41	Dissoziation, elektrolytische	8
Bauabfälle	78	Doppelbindung	23
Bautenschutz	62	Dreifachbindung	23
Belüftungselement	46	Druckeinheiten	71
Belüftungskorrosion	22	Duromere	56, 58, 68
Benzol	25		
Bereiche, anodische	45	Edelgasschale	9
Bereiche, kathodische	45	Edelmetalle	20, 48
Beschichtung	55, 59, 63, 68, 84, 92	Edukt	14
Beschleuniger	88	Einfachbindung	10, 23
Beständigkeit	41, 44, 50, 58	Einkristall	11
Beständigkeitstabelle Metalle	41	Elastomere	12, 56, 58, 67, 91

Stichwortverzeichnis

	Seite		Seite
Elektrochemie	20	Gibbsches Potential	14
Elektrochemische Verfahren	623	Giftklasse	39
Elektrolyse	2	Gips	44, 50, 85, 88
Elektromagnetische Strahlung	77	Gipstreiben	65
Elektron	5, 71	Gitterenergie	8
Elektronengas	12	Gläser	12, 67
Elektronenhülle	5	Gläser, metallische	12
Elektronenpaar	10	Gleichgewicht, chemisches	14, 43
Elektronenschalen	6	Gleichgewichtsdruck	14
Elektronenvalenz	8	Gleichgewichtskonstante	14
Elektronenwolken	6	Graphit	11
Elementarladung	5, 71		
Elemention	8	Härter	59
Emission	40	Hauptgruppen im Periodensystem	72
Endotherm	15	Hauptquantenzahl	6
Endstoffe	4, 14	Heizwert	16
Enthalpie	14	Hybridorbitale	10
Entropie	14, 35	Hydratation	52
Epoxidharz	28, 58, 92	Hydratationsporen	53
Erdrinde	6	Hydratisierung	9
Erhaltungssätze	4	Hydraulische Bindemittel	50, 85
Erze	21	Hydrophobierung	55, 62, 92
Essigsäure	28, 73		
Ester	28, 73	Imprägnierung	62, 67, 92
Ether	27	Inhibitoren	45
Ethylen	24, 58, 73	Inspektionsmöglichkeit	66
Ettringit	44, 88	Ionen	8
Exotherm	14	Ionen, Elementionen	8
		Ionenbindung	8, 50
Fällungsreaktion	19	Ionengitter	8, 50
Fassadenbefestigung	66, 81	Ionenkristall	8
Fassadenbeschichtung	64, 84	Ionenleiter	9
Feinstmörtel	31, 59, 60	Ionenprodukt	18
Fensterglas	12	Ionentauscher	42
Flächenkorrosion	22, 33, 41, 46	Ionenwertigkeit	8
Formaldehyd	73, 67	Isotop	5
Formeleinheit	4		
Formelgewicht	4, 19	Kalilauge	18
Flüchtige Stoffe	18	Kalk-Kohlensäure-Gleichgewicht	93
Flussäure	17	Kalziumhydroxid	15, 18
Freie Enthalpie	14	Karbonatisieren	18, 33, 50, 52, 54
Friedelsches Salz	54, 73	Karbonathärte	42
Frostbeständigkeit	54	Kapillarporen	33, 53
Frostschutzmittel	88	Katalysator	15
Fugendichtungsmasse	91	Kathode	9, 45, 48
		Kathodischer Korrosionsschutz	45, 62, 68
Galvanisches Element	48	Kation	9
Gase, ideale	5	Kernladungszahl	5
Gasgleichung, ideale	5, 71	Knallgasreaktion	5
Gaskonstante	5, 71	Kohlensäure	17, 43, 51
Gebrannter Kalk	15	Kohlenwasserstoffe	23, 56
Gelöschter Kalk	15	Kohlenwasserstoffe, aromatische	25
Gelporen	53	Kohlenwasserstoffe, gesättigte	23
Gemenge	2	Kohlenwasserstoffe, halogenierte	30
Gesamthärte	42	Kohlenwasserstoffe, ungesättigte	23

Stichwortverzeichnis

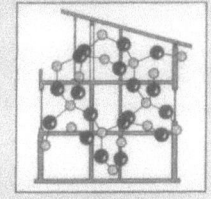

	Seite		Seite
Kontaktkorrosion	48	Mineralische Bindemittel	50, 57
Kontrollmöglichkeit	66, 69	Mol	4
Korrosion	21, 45	Molekularmassen	4
Korrosion, biologische	51	Moleküle	4
Korrosion, chemische	51	Molekülorbital	12
Korrosion, galvanische	48	Molvolumen	5
Korrosion, interkristalline	46	Monomere	56
Korrosion, lokale	46		
Korrosion, mechanische	51	Nachbehandlung	52, 55, 89
Korrosion, transkristalline	46	Naphthalin	26
Korrosionserscheinungen	46	Natrium	8
Korrosionsmechanismus	21, 50	Natriumchlorid	42
Korrosionsprodukt	46, 49	Natronlauge	18
Korrosionsschäden	33, 45, 67	Neutralisation	18
Korrosionsschutz	34, 43, 48, 66, 83	Neutron	5, 71
Korrosionstypen	21, 48	Nichtkarbonhärte	42
kovalente Bindung	9	Nichtmetalloxide	17, 41
Kovalenz	10	Nichtrostende Stähle	33, 66, 80
Kriechen	58	Normalwasserstoffelektroden	20
Kristallgitter, kovalente	11	Normalzustand	5, 71
Kristallite	21		
Kunststoff	12, 56, 60, 65	Oberflächenschutz, Beton	93
Kunststoffmodifizierter Mörtel	58	Ökobilanz	35, 40
Kunststoffbeschichtete Bewehrung	68, 69	Ökologische Aspekte	61
		Oktett	8, 10
Lack	59, 65, 84	Orbital	23
Legionellen	74	Ordnungszahl	5, 72
Leiter 1. und 2. Klasse	9, 13	Organische Baustoffe	56
Leitungsband	12	Organische Chemie	23
Lithosphäre	35, 37	Oxidation	16, 84
Lochfrass	33, 46, 69, 82	Oxidationsmittel	16, 20
Lochkorrosion	33, 46, 69, 80	Oxidschicht, schützende	22
Löslichkeitsprodukt	19	Ozon	30, 37, 73
Lösungsmittel	26, 59	Ozonschicht	30, 35, 37
Luftporen	34, 53, 68, 88		
		Passive Metalle	21, 46, 48
MAK	26, 39	Passivierung	21, 52, 68
Massenwirkungsgesetz	14, 43	Periodensystem	5, 72
Materialwahl	65, 82	Physikalische Bindung	56
Mehrfachbindung	10	pH-Skala	18, 41
Metall, Beständigkeitstabelle	41	pH-Wert	18, 41
Metallbindung	12, 45	Phase	2
Metallcharakter	20	Phenole	26
Metalle, aktive	21, 46	Phosphor	23
Metalle, edle	20, 48, 49	Phosphorsäure	17, 73
Metalle, passive	21, 46, 48	Photosynthese	2
Metalle, unedle	20	Physikalische Betonkorrosion	51
Metallgitter	12	Polyester	58
Metallkorrosion	21, 41	Polyethylen	58
Metallpotential	20	Polykristalline Stoffe	10
Methan	23, 36, 73	Polymer	56, 89
Methylammonium	18	Polymer, teilkristallin	12
Mischphase	2	Polymer Concrete	55, 89
Mineralisation	38	Polystyrol	67
Mineralische Baustoffe	50	Polyurethan	58, 68

Stichwortverzeichnis

	Seite		Seite
Porosität	44, 50, 52	Spannungsreihe der Metalle (Theoretische)	20
Portlandzement	34, 50, 52, 85	Spannungsrisskorrosion	33, 46, 67, 80, 82
Potentialmessung	68	Spenglertabelle	83
Primer	61	Stahlbeton	50, 52
Proton	5, 71	Stöchiometrie	4
Protonenakzeptoren	16	Stoffgruppen	2
Protonendonatoren	16	Stoffmengen	4, 71
Protonenempfängerbasen	17, 29	Sublimierung	3
Pyridin	26	Sulfattreiben	44
		Summenformel	4
Quarzkristall	11	Symbole, chemische	4
		Synthese	2, 23
Radioaktiv	6		
Reaktionen, chemische	14	Tausalz	42, 88
Reaktionsbarriere	15	Temperatur, absolute	5
Reaktionsenthalpie	14	Tetraedermodell	23
Reaktionsentropie	14	Thermoplast	56, 58, 65, 67
Reaktionsgeschwindigkeit	47	Thermoplast, amorph	12
Reaktionsgleichung	4	Toluol	26
Reaktionsprodukte	4	Toxikologie	30
Reaktionswärme	14	Treibhauseffekt	37
Reaktordeponie	38, 79	Trichlormethan (Chlorophorm)	30
Realkalisierung	63, 68	Trichlormethylen	30
Recycling	35, 58, 61	Troposphäre	38
Redoxreaktion	16, 45		
Reduktion	16	Überdeckung der Bewehrung	55
Reduktionsmittel	16, 20	Umweltprobleme	67
Regenwasser	35	Umweltverträglichkeit	32, 40
Reparaturmörtel	59	Unedle Metalle	20
Rezyklieren	35		
Risskorrosion	46	Valenzband	12
Rosten	21	Valenzelektronen	11
R-Sätze	39	Valenzschale	10
		Valenzstrich	10
Salmiakgeist	18	Verbindungen	83
Salpetersäure	17, 73	Verbindungsgewichte; Verbindungsmassen	4
Salzbasen	17	Verdampfen	3
Salze	3, 8, 50	Verdunsten	3
Salzsäure	17, 35	Verflüssiger	88
Sauerstoff	73	Verseifung	65
Sauerstoffelektrode	22	Versiegelung	55, 63, 68, 92
Sauerstoffkorrosion	22	Verträglichkeit	32
Säuren	167, 41	Verwitterung	51
Säurerest	17	Verzinkung	66, 83
Schäummittel	30	Verzögerer	88
Schmelzen	3	Volldeklaration	39
Schmelzpunkt	3	Volumenverhältnisse	5
Schutzschicht	21, 43, 46, 50, 84		
Schweflige Säure	17	Wärmedämmstoff	67, 90
Schwefelsäure	15, 17, 33	Wärmeleitfähigkeit	13, 68, 90
Siedepunkte	3	Wasseraufnahmekoeffizient	64
Silan	62	Wasserdampfdiffusion	64
Silikone	62	Wasserenthärtung	42
Sonnensysteme	6	Wasserhärte	42
Spannungsreihe, praktische	49	Wasserstoff	20

Stichwortverzeichnis

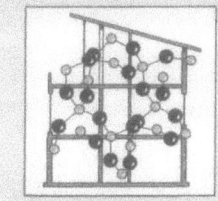

	Seite
Wasserstoffkorrosion	21
Weichmacher	58
Wellenmechanisches Atommodell	6
Widerstand, elektrischer	13
Widerstand, spezifischer	13
W/Z-Wert	52
Zement	55, 85, 86
Zementmörtel	58
Zementstein	52
Zusatzmittel	54, 88

MIX
Papier aus verantwortungsvollen Quellen
Paper from responsible sources
FSC® C105338

If you have any concerns about our products,
you can contact us on
ProductSafety@springernature.com

In case Publisher is established outside the EU,
the EU authorized representative is:
**Springer Nature Customer Service Center GmbH
Europaplatz 3, 69115 Heidelberg, Germany**

Printed by Libri Plureos GmbH
in Hamburg, Germany